십 대와 싸우지 않고 소통하는 기술

감정의 법칙

십 대와
싸우지 않고
소통하는
기술

감정의 법칙

손병일 지음

북멘토

아이의 분노는 나쁘기만 할까?

2학기 중간고사를 사흘 앞두고 있던 금요일은 생활부 최대의 호황이었습니다. 그것은 생활 부장인 제게는 최악의 하루였다는 것을 의미하지요.

아침 조회 시간이 끝나자마자 홈베이스에서 주먹질을 한 1학년 남학생 두 명이 붙들려 왔습니다. 1교시 쉬는 시간에는 2학년 효정이가 남학생들에게 성희롱을 당했다고 신고했고, 3교시 쉬는 시간에는 2학년 종원이가 찾아와 친구들이 자신의 핸드폰을 뺏어 가 게임 아이템을 팔아먹었다며 울상이었습니다. 급기야 점심시간에는 1학년 연서가 친하게 지내다 사이가 틀어진 애들이 계속 째려보고 따돌린다며 고통을 호소했습니다.

수업이 없는 빈 시간마다 저는 아이들을 불러 사실 확인 조사를 했고, 사과를 시킨 뒤 화해 조정을 했으며, 자신이 끼친 손해에 적절히 보상하겠다는 서약서를 쓰게 하면서 하루를 다 보냈습니다. 머리가 지끈거릴 정도로 에너지를 다 소진시켜 버린 하루였지요.

요즘 학교는 분노와 억울함의 아수라장이 되어 버린 듯합니다. 학교 폭력 가해자가 된 아이들을 조사하다 보면 어김없이 듣게 되는 과거 이야기가 있습니다. 이전에 학교 폭력 피해자로 고통당했던 흑역사가 있다는 것이지요. 학교 현장은 폭력의 피해자가 되지 않기 위해 가해자가 되거나 가해자 편에 서 있으려는 아이들을 비난만 할 수 없는 엄혹한 상황입니다. 이 피해와 가해의 악순환의 고리를 끊을 수 있는 방법은 과연 있을까요?

학교 폭력과 연관된 아이들을 만날 때마다 생활 부장으로 내리게 되는 결론이 있습니다,

'아, 얘들은 폭력 소통의 희생자들이구나!'

그 아이들은 예외 없이 부모로부터 폭력 소통을 당하고 있었습니다. 지속적으로 감정을 무시당하거나 외면받아 온 십 대들이었습니다. 부모와 자연스럽고 건강한 감정 소통을 해 보지 못한 아이들이었습니다. 안타깝고 가슴 아픈 일이었지요.

그렇습니다. 학교 폭력은 결국 가족의 문제이고, 부모와의 소통 문제입니다. '외계인'이라 불리는 십 대와의 소통 과제 앞에서 많은

부모가 넘어지고 깨지고 다칩니다. 어떤 부모는 피를 철철 흘리기도 하지요.

과연 비폭력 소통은 어렵고 힘든 일일까요? 마셜 로젠버그의 『비폭력 대화』는 결코 그렇지 않다는 것을 알려 줍니다.

아이가 사건 사고를 일으켜서 학교로 불려 온 부모들은 한결같은 하소연을 합니다.

"우리 애가 왜 자꾸 화를 내는지 모르겠어요. 그럴 때 어떻게 해야 좋을지 모르겠어요."

이런 부모들에게 필요한 것은 분노에 대한 관점의 변화입니다.

'분노는 나쁜 것일까?'

물론 분노는 좋지 않습니다. 그렇다면 질문을 이렇게 조금 바꿔 보면 어떨까요?

'분노는 나쁘기만 할까?'

분노는 결코 나쁘기만 한 것이 아닙니다. 마셜 로젠버그는 "아이의 분노에는 시급하고 중요한 메시지가 담겨 있다."라고 주장합니다. 분노할 줄 아는 아이는 적어도 부모에게 중요한 메시지를 보내고 있는 것입니다.

프랑스의 작가 조르주 베르나노스는 이렇게 말합니다.

"인류의 역사를 돌이켜 보면 끔찍한 파괴들의 원인은 반항하고 길들이기 힘든 사람의 수가 늘어나기 때문이 아니라, 오히려 온순하고 순종적인 사람의 수가 계속 늘어나기 때문이었다."

분노할 줄 아는 아이는 '반항할 줄 알며 길들여지지 않는' 사회인으로 성장할 수 있습니다. 그들은 결코 지구의 파괴에 무관심한 '온순하고 무책임한' 사람으로 자라지 않을 것입니다. 정리하면 이렇습니다.

"분노가 나쁜 것이 아니라 폭력적 소통이 나쁜 것이다."

아이가 분노를 터트린다면 부모는 얼른 알아차려야 합니다. 아이에게 시급히 들어 주어야 할 이야기가 있다는 것을. 그리고 아이의 가슴 속에 충족되지 못한 욕구가 있다는 것을 말입니다.

이때 중요한 것은 '무엇을 해야 하느냐'를 아는 것보다 '무엇을 하지 않아야 하느냐'를 아는 것입니다. 하지 않아야 할 것은 무엇일까요? 바로 '잘잘못을 찾는 습관'을 따르지 않는 것입니다. 이 습관은 우리 뇌에 아주 오랫동안 입력돼 있는 프로그램이기에 떨쳐 내기가 쉽지 않습니다.

첫 번째로 할 일은 잘잘못을 따지지 않고 아이가 느끼고 있는 감정을 들어 주는 일입니다. 여기서 핵심은 물론 '잘잘못을 따지지 않고'입니다.

두 번째로 할 일은 잘잘못을 따지지 않고 아이가 필요로 하는 욕구를 들어 주는 일입니다. 여기서도 핵심은 당연히 '잘잘못을 따지지 않고'입니다.

정말이지, 이 두 가지만 잘하면 됩니다. 과연 그것만 잘하면 되는 거냐고 묻는 부모님들이 있을 것입니다. 정말로 그 두 가지만 잘하면 됩니다.

앞으로 소개하겠지만, 학교 폭력 사건이 발생했을 때 생활 부장으로서 제가 가장 힘쓴 일도 크게 다르지 않았습니다. 그것은 가해 학생과 피해 학생이 지금 '느끼고 있는 것'과 '필요로 하는 것'을 묻고 대답을 듣는 일이었지요. 자신의 느낌과 욕구를 표현하는 일은 놀라운 효과가 있습니다. 그렇게 감정을 표현하고 들어 주는 과정을 통해서 아이들의 마음속에 엉켜 있던 것들이 스르르 풀리기 때문입니다. 그러고 나면 쉽게 화해에 이르게 됩니다. 이것은 너무도 분명한 것이어서 '감정의 법칙'이라고 불러도 무방할 듯합니다.

생활 부장으로서 무수히 많은 화해 조정 과정을 거쳐 온 저에게 비폭력 소통법은 그리 어렵지 않은 과제가 되었습니다. 그 비결의 팔 할은 『비폭력 대화』 덕분이라고 말할 수 있습니다. 감정 코칭이나 공감 소통법, 마음 챙김 명상 등 여러 가지 소통법에 대한 책들을 섭렵했지만 실생활에서 그것을 구현해 내는 일은 늘 모호하고 요원한 일이었습니다. 『비폭력 대화』는 저에게 '느낌'과 '욕구'에 집중하는 법을 깨닫게 해줌으로써 소통의 달인이 되게 도와주었습니다.

어떤 것이든지 아이의 분노에는 근원적 욕구가 숨겨져 있습니다. 비폭력 소통법은 아이의 충족되지 못한 욕구를 찾아가는 기술이기도 합니다. 그런데 그것은 충분히 '들어 주기'를 필요로 하는 일입니다. 아이가 '느끼고 있는 것'에 대한 길고 지루한 이야기를 '잘잘못을 따지지 않고' 들어 주는 여정이 반드시 동반되어야 합니다.

사실, '들어 주기'야말로 아이를 위한 최고의 사랑이 아닐까 싶습니다. 또한, '들어 주기'는 부모가 아이에게 줄 수 있는 가장 귀한 선물입니다. 들어 주는 사람이 없다면 말하는 사람의 말은 허공 속에 흩어지는 먼지처럼 무의미해지기 때문입니다. 오직 들어 주기를 통해서만 말하는 행위는 의미를 얻게 되고, 말하는 이도 존재할 수 있습니다. 폭력 소통이란 들어 주기가 생략된 소통입니다. '나'만 있고 '너'가 없는 소통인 것이지요.

칼 로저스는 들어 주기의 힘에 대해 이렇게 표현했습니다.

"어떤 사람이 나를 비판하려 하지 않고, 나에게 영향을 미치려 하지 않으면서 나의 말에 진지하게 귀 기울이고 나를 이해해 주면, 나는 새로운 눈으로 세상을 다시 보게 되어 앞으로 나아갈 수 있다."

손병일

차례

| 2부 |

부모가 바뀌면 아이도 바뀐다

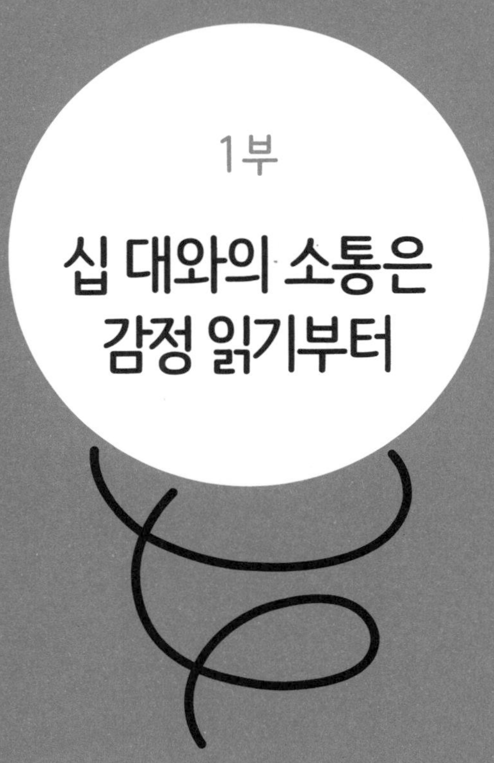

1부

십 대와의 소통은 감정 읽기부터

회복 탄력성이 높으면 실패도 긍정적으로 이겨 낸다 _ 회복 탄력성

시행착오를 허용해야 교감의 길이 열린다 _ 위기감

감정 표현을 잘해야 소통도 잘한다 _ 불만

지나친 도덕주의는 심각한 문제를 부른다 _ 분노

지금 느끼는 감정에 끝까지 귀 기울이기 _ 혼란

'있는 그대로'의 모습을 받아들이기 _ 반항

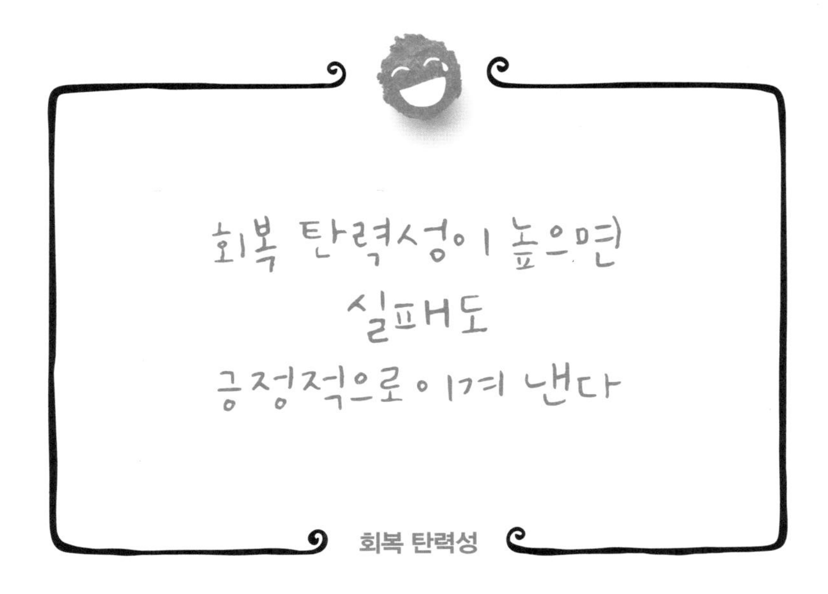

아이에게 폭력적으로 소통하고 싶은 부모는 한 명도 없을 것입니다. 아이의 말에 공감하고 귀 기울여 줄 여력이 없기 때문에 윽박지르고 다그치게 되는 것이지요. 이것은 『피로 사회』의 저자 현병철이 말한 것처럼 현대인들이 자기 자신을 착취하는 사회 시스템 속에서 살아가고 있는 탓이 큽니다.

생활 부장을 하면서 제가 만났던 부모님들은 하나같이 '피로 사회의 얼굴'을 닮아 있었습니다. 대개 어둠이 드리워져 있고 에너지가 밑바닥까지 고갈된 모습이었습니다. 그들은 바닥에 주저앉은 채

있고 싶어 하면서도 어떻게든 힘을 쥐어짜 자식이 저지른 잘못을 지우고 싶어 했습니다.

하지만 분명한 것은 아이의 잘못을 지워 버리는 방법으로는 아무것도 해결되지 않는다는 것입니다. 문제적 아이의 부모들은 아이의 잘못에서 아이 자체로 거슬러 가야 한다는 인식조차 하지 못했습니다. 그들은 아이 자체로 거슬러 가는 길을 모르기 때문에 그 길을 찾으려는 시도도 할 수 없었습니다.

학교 폭력 사건을 일으키는 아이들은 자기 조절 능력과 대인 관계 능력이 매우 부실한 아이들입니다. 『회복 탄력성』의 저자 김주환은 자기 조절 능력과 대인 관계 능력을 회복 탄력성의 핵심 요소로 꼽았습니다. 학교 폭력의 가해자나 피해자가 되는 아이들은 삶의 복원력이 대단히 빈약한 아이들입니다. 그런데 그 아이들의 부모들도 회복 탄력성이 바닥나 바람 빠진 공 같은 모습이었습니다. 그들은 아이와 아이가 저지른 과오 사이에서 길을 잃은 부모들이기도 했습니다.

상대의 아픔에 공감하지 못하는 아이

교직원들이 모두 퇴근한 금요일 저녁, 저는 두 가족이 도착하기를 기다리고 있었습니다. 가해자인 종규와 종규 아버지가 먼저 도착했습니다. 중 3이 되어서도 왜소했던 종규와 달리 아버지는 육중한 체구였습니다. 몇 분 뒤 종규에게 주먹으로 얼굴을 맞았던 서윤이와 서윤이 부모님이 도착했습니다.

상담실에 마주 앉은 두 가족에게 차를 한 잔씩 대접한 뒤에 조심스럽게 입을 열었습니다.

"먼저 서윤이와 서윤이 부모님께 감사의 말씀을 드립니다. 원래 일주일 전에 이 자리를 가지려고 했었죠."

서윤이 어머니는 고개를 푹 수그리고 있는 종규를 못마땅한 표정으로 바라보았습니다. 이 사건은 일주일 전에 사과를 받고 마무리될 뻔했습니다. 그런데 그 전날 "1학기 때도 종규에게 뺨을 맞은 적이 있다."라는 서윤이의 말을 들은 어머니가 무산시켰습니다.

종규 아버지가 얼른 머리를 조아리며 서윤이 부모님에게 사과를 했습니다.

"어떻게 사죄를 드려야 할지 모르겠습니다. 종규 동생이 딸입니다. 그래서 서윤이 부모님이 얼마나 충격을 받으셨을지 저도 알거든요."

종규 아버지가 손가락을 계속 꼼지락거리고 있는 아들을 불안한 눈으로 슬쩍 본 뒤 말을 이었습니다.

"이렇게 한 번 더 기회를 주셔서 감사드립니다."

저는 피해자인 서윤이에게 지금 감정이 어떤지 말해 달라고 했습니다. 서윤이는 눈을 날카롭게 빛내며 종규에게 말했습니다.

"그때 동아리실에서 너랑 말싸움했을 때 네가 먼저 패드립했잖아. 그래서 내가 계속 사과하라고 했는데 안 해서 네 등을 한 대 때렸던 거고."

서윤이 아버지는 비교적 담담한 표정이었지만, 서윤이 어머니는 한숨을 토하면서 딸의 말에 안절부절못했습니다.

"너한테 맞은 일이 계속 생각나. 생각을 안 하고 싶은데 계속 생각이 나서 힘들어. 교실에서 널 볼 때마다 너무 무섭고 떨려. 네 얼굴을 보는 게 너무 괴로워. 그러니까 나한테 말도 걸지 말고 아는 척도 하지 않았으면 좋겠어."

서윤이의 속사포 같은 말들이 쏟아지는 동안 종규는 고개를 숙인 채 손가락만 꼼지락거리고 있어서 서윤이의 눈 속에 깃들어 있는 공포를 볼 수 없었습니다. 저는 종규에게 상대방을 보라고 주의를 주었습니다.

"서윤아, 악몽을 꾸었다는 얘기도 좀 해 주겠니?"

서윤이가 막 입을 열려던 순간 어디선가 피식 웃는 소리가 들렸습니다. 서윤이가 종규를 노려보는 게 보였습니다. 종규의 실소를 알아차린 사람은 서윤이와 저밖에 없는 듯했습니다. 순간 이 대화가 실패로 끝날지 모르겠다는 불안감을 느꼈습니다. 서윤이의 부모님은 딸이 종규의 등을 때린 일만 없었다면 벌써 학교폭력대책자치위원회(학폭위)를 요청했을 것입니다. 하지만 학폭위가 열리면 서윤이에게도 1호 조치인 '서면 사과' 징계가 내려질 가능성이 있어서 화해를 하러 온 것이었습니다.

종규가 여전히 고개를 들지 않은 채로 여자인 서윤이를 때려서 너무 미안하다고 더듬거리며 말을 얼버무렸습니다. 서윤이와 서윤이 부모님 입장에서는 판에 박힌 사과로 들릴 수 있는 말이었습니다.

서윤이 어머니가 딸이 꾸었던 악몽에 대해 들려주었습니다. 꿈에서 서윤이는 테이프로 종규의 온몸을 꽁꽁 묶은 뒤 막대기로 인정사정없이 때렸다고 했습니다. 깊은 트라우마가 서윤이에게 각인되었음을 알 수 있었습니다.

서윤이 어머니는 손찌검 한 번 하지 않고 키운 소중한 딸이 얼굴을 두 번이나 맞은 일에 대한 충격을 장황하게 설명했습니다. 그러는 동안 종규는 한 번도 고개를 들지 않았습니다.

"서윤이 언니가 이 일을 많이 걱정하고 있어요. 서윤이가 커서 결혼할 때 이 일에서 받은 충격으로 어려움을 겪을 수 있다고요. 부모로서 그게 제일 걱정이 됩니다."

"종규가 서윤이를 때렸다는 말을 들었을 때도 큰 충격을 받았었는데, 오늘 이렇게 서윤이를 직접 보니까 가슴이 너무 아프네요. 제가 자식을 잘못 키운 죄가 너무 큽니다. 부디 용서해 주시길 바랄 뿐입니다."

종규 아버지가 거듭 머리를 조아리며 말했습니다.

종규 아버지의 진심에 서윤이와 서윤이 부모님의 상처가 사그라드는 게 느껴졌습니다. 종규에게 마지막으로 서윤이에게 하고 싶은 말을 하게 했습니다. 화해가 성공적으로 마무리되기 직전이었습니다. 종규가 서윤이의 아픔에 공감을 표하고 앞으로 네 뜻을 존중해 조심해서 행동하겠다고 말하면 이 사건은 마무리될 것이었습니다. 비어 있는 골문에 공을 차 넣는 일처럼 쉬워 보였습니다. 하지만 그때 종규의 입에서 누구도 예상치 못한 말들이 쏟아져 나왔습니다.

"너는 나한테 맞은 것 때문에 악몽을 꿀 정도로 힘들다고 했지만, 나도 네가 나를 학폭위에 신고하겠다고 했을 때 너무 화가 났어. 그리고 그날 보건실로 간 너를 따라가서 사과하려고 계속 기다렸는데 네가 사과를 받아 주지 않아서 무척 힘들었어. 내가 뻔뻔하다는 거 알지만 그래도 그때 사과를 받아 주었으면 좋았잖아."

종규를 제외한 모두가 황당함으로 입이 쩍 벌어졌습니다. 제가 얼른 종규에게 호통을 쳤습니다.

"종규, 너 지금 뭐 하는 거야? 사과할 마음이 없었으면 이런 자리를 갖지 말았어야지!"

고개를 절레절레 흔들며 서윤이 아버지가 말했습니다.

"종규가 저렇게 생각한다면 저희는 이 사건을 사과받는 것으로 마무리할 수 없을 것 같네요."

"아니, 서윤이가 얼굴을 맞고 놀라서 그런 말을 할 수도 있지. 어떻게 학폭위를 열겠다고 말한 것 때문에 화가 날 수가 있지! 하아, 참!"

서윤이 어머니가 하소연하듯 저를 바라보며 말을 이었습니다.

"저희는 사과를 받고 깨끗이 마무리할 생각으로 이 자리에 왔거든요."

"네, 알고 있습니다. 아무래도 그렇게 마무리하긴 어렵게 됐네요."

그러자 다급함에 감정이 북받친 종규가 사과의 말을 쏟아 내기 시작했습니다.

“내가 네 얼굴을 때린 건 정말 미안해. 나도 작년에 태용이한테 맞았을 때 너무 괴로웠기 때문에 네가 얼마나 힘든지 아는데……. 으허엉…….”

종규의 입에서 봇물처럼 울음이 터져 나왔습니다.

“내가 정말 잘못했어. 너는 내 얼굴을 보고 싶지 않다고 했지만 나는 그냥 네가 나를 용서해 줬으면 좋겠어……. 흐억, 흐어엉…….”

가슴속에 억눌려 왔던 분노와 고통이 서러움과 함께 터져 나오는 듯했습니다. 그 모습을 보고 서윤이와 서윤이 부모님은 할 말을 잃고 얼굴이 굳었습니다.

종규 아버지가 참담한 목소리로 말했습니다.

“뭐라고 드릴 말씀이 없네요. 제가 대신 사죄드리고 싶은 마음뿐입니다.”

저 역시 참담한 심정으로 화해의 결렬을 받아들일 수밖에 없었습니다. 그때까지 학교 폭력으로 화해의 자리를 마련했을 때 실패한 적이 한 번도 없어 안타까움이 더욱 컸습니다.

그런데 왜 종규는 서윤이와 서윤이 부모님이 인내와 관용으로 차려 준 밥상을 걷어차 버렸을까요?

부모를 거부하는 아이

회복 탄력성이란 '실패나 시련, 고통 등 외부로부터 받은 충격에서 원래 상태로 빠르게 복원되는 능력'을 말합니다. 바람이 탱탱하게 들어가 있는 공의 이미지를 떠올려 보면 이해하기 쉽습니다. 종규는 회복 탄력성의 구성 요소인 감정 조절 능력과 대인 관계 지능이 매우 낮은 상태였습니다. 자기 이해 지능도 중학교 3학년이 맞나 싶을 정도였습니다.

종규는 서윤이의 아픔에 공감하지 못했다고 볼 수 있습니다. 종규에게는 그럴 만한 이유가 있었습니다. 저는 종규와 종규 아버지를 상담 선생님이 기다리고 있는 상담실로 가게 하고, 어이없어 하는 서윤이 부모님에게 말했습니다.

"종규의 행동이 잘 이해되지 않으시죠? 제가 볼 때 종규는 부모님을 거부하고 있는 것 같아요. 자신이 저지른 잘못을 대신해서 사과하는 아버지를 거부하지 않고는 저렇게 행동할 수 없거든요."

서윤이 부모님은 고개를 끄덕이면서도 여전히 납득되지 않는 표정이었습니다. 결국 저는 망설이던 말을 할 수밖에 없었습니다. 서윤이를 옆 교실로 가 있게 한 뒤에, 제가 다시 말을 꺼냈습니다.

"사실, 제가 이런 말씀을 드리면 안 되는데 모두를 위해서 말씀

드려야 할 것 같아요. 종규가 서윤이를 때렸던 날 제게 양쪽 팔뚝에 멍이 들어 있다고 했어요. 아버지한테 맞아서 생긴 멍이라고 하더라고요. 서윤이에게 등을 맞을 때 멍든 부위를 같이 맞아서 폭력을 제어하지 못했다고 얘기하더군요."

충격을 받아 입을 다물지 못하던 서윤이 아버지가 말했습니다.

"종규는 아버지한테 자주 맞았던 거군요."

"어머니한테도 맞았던 것 같아요. 사건 다음 날 어머니와 종규의 멍 자국 얘기를 했는데, 어머니도 초등학교 때부터 종규를 때려서 키웠다고 하셨어요. 아동 폭력의 범죄성에 대해서 제대로 인식을 못하고 있었던 거죠."

서윤이 부모님은 이제 알겠다는 표정이었습니다. 신음을 토해내듯 서윤이 어머니가 말했습니다.

"종규가 가정 폭력의 희생자였던 거군요."

저는 이 사실을 두 분만의 비밀로 해 달라고 신신당부를 했습니다. 서윤이 부모님은 그러겠다는 약속을 하고 서윤이를 데리고 어두워진 계단을 내려갔습니다.

학대받은 아이는 회복 탄력성이 낮다

『회복 탄력성』의 저자 김주환은 자기 이해 지능을 '지능의 지능' 또는 '메타지능'이라고 말합니다. 자기 이해 지능이 밑바탕이 되어야만 감정 조절 능력과 대인 관계 지능이 발휘될 수 있습니다. 종규는 자신의 감정을 조절하는 능력이 매우 낮았으며, 타인의 기분이나 감정을 파악하는 능력 또한 극히 부족했습니다.

부모에게 맞으며 학대받은 아이는 자기 자신을 열등하고 하찮은 존재로 이해합니다. 생명의 위협을 느끼는 동안 종규의 뇌는 생존 이외의 영역이 마비되었을 수 있습니다. 종규는 세상을 온통 적이라고 인식하고 자신을 억울한 피해자라고 여기는 듯했습니다.

회복 탄력성이 높은 사람은 자신에게 닥친 실패에 대해 긍정적으로 스토리텔링하는 능력을 갖고 있습니다. 그들에게 실패나 고난은 누구나 당할 수 있는 일이고, 누구에게나 일어날 수 있는 일입니다. 따라서 그들은 실패를 두려워하지 않습니다.

반면에 회복 탄력성이 낮은 사람들은 실패를 자신에게만 일어나는 일로 받아들입니다. 또 실패를 항상 일어나는 것으로 여기며, 모든 면에서 일어나는 것이라고 인식합니다. 종규가 꼭 그러했습니다. 종규는 억울한 일이 항상 자신에게만 일어난다고 생각했습니다. 또한 항상 모든 면에서 일어나는 일이기도 했습니다. 자신이 피해자일 때도 억울하고, 가해자일 때도 억울했습니다. 자신에게 맞은 서윤이가 학폭위에 신고하겠다고 말한 것도 억울한 일이었고, 그때 자신의 사과를 서윤이가 끝까지 받아 주지 않은 것도 억울한 일이었습니다.

종규가 감정 조절 능력을 상실한 이유는 두말할 것도 없이 부모님의 폭력 때문이었습니다. 부모님에게 입은 폭력 트라우마가 자신보다 약한 서윤이에게로 전가된 것이었습니다. 종규의 대인 관계 지능은 심각하게 손상되어 있는 듯했습니다. 종규의 감정 폭발을 보고 난 후에야 저는 그 아이에게 가해진 가정 폭력이 얼마나 심각한 수준이었는지를 깨달았습니다.

다음 날 저는 아동 보호 전문 기관에 종규의 상담을 요청했습니다. 그것은 쉽지 않은 선택이었지만 '무엇이 종규를 위한 최선인가?'에 대한 답이었습니다.

3주쯤 뒤 서윤이 어머니가 "더 이상 문제 삼지 않고 이만 모든 걸 덮고 싶다."라는 연락을 해 왔습니다. 구멍 난 배에 올라탄 듯 불안해 보였던 종규를 부모의 가슴으로 품어 준 것이라고 생각합니다.

감사하기의 놀라운 힘

종규 아버지의 지쳐 보이던 표정은 삶이 얼마나 신산한지를 극명하게 보여 주고 있었습니다. 종규와 아버지와의 관계보다 종규와 어머니의 관계가 더 심각하게 손상되었을 거라는 것도 직감할 수 있었습니다. 회복 탄력성이 무너진 가정이라는 것까지도.

김주환은 "회복 탄력성은 근육처럼 훈련을 통해 키울 수 있다."라고 말합니다. 그가 추천하는 훈련법은 '감사하기'입니다. 그는 "매일 밤마다 하루 동안 감사했던 일 5가지를 써라."라고 권하는데, 그러면 삶의 복원력이 놀라울 정도로 높아진다고 합니다.

작가 공지영도 『딸에게 주는 레시피』에서 '감사하기'의 놀라운 효과를 얘기했습니다. 그는 삶이 죽을 만큼 힘들다는 후배에게 이렇게 큰소리를 쳤다고 합니다.

"6개월 동안 매일 5가지씩 감사하기를 실천한 후에 삶이 바뀌지 않는다면 내가 책임져 줄게."

자신이 감사하기에 힘쓴 지 반년 만에 놀라운 변화를 경험했기에 그런 말을 할 수 있었던 것이지요.

공지영은 이보다 더 나쁠 수 없었던 최악의 시기에 감사하기를 실천하겠다고 결단했습니다. 세 번째 이혼을 했던 때였습니다. 다시 혼자가 된 공지영에게는 아버지가 다른 세 명의 아이가 있었고, 전남편들이 남긴 빚까지 있었습니다.

더 이상 바닥으로 내려갈 수 없을 것 같은 상황에서 공지영은 감사하기를 시작했습니다. 감사하기를 실천하는 일은 결코 쉽지 않은 일이었지만, 그는 포기하지 않았습니다. "잘 자고 일어나서 감사하다.", "밖은 추운데 방 안은 따뜻해서 감사하다."라는 등 억지로 감사한 일들을 만들어서라도 5가지를 고집스럽게 채워 나갔습니다.

그렇게 6개월이 지났을 무렵, 어느 날 아침에 눈을 뜬 공지영은 이렇게 중얼거리는 자신의 목소리를 들었다고 합니다.

"밤새 저를 이렇게 무사히 지켜 주셔서 감사합니다!"

그것은 가슴속 깊은 곳에서 솟아오르는 진실한 감사였습니다. 공지영은 그 순간 진정한 자기 이해에 눈을 뜨면서 이런 자각이 일어났다고 합니다.

'내가 세상에 좋은 일을 한 것도 없으면서 세상에 너무 많은 것을 바랐구나!'

그런 깨달음과 함께 공지영은 추운 겨울날 따뜻한 데서 자고 일어났다는 게 믿을 수 없을 만큼 감사해서 눈물이 나왔다고 합니다.

그 이후 공지영의 삶은 지금 우리가 아는 대로입니다. 오랫동안의 절필을 끝내고 발표한『우리들의 행복한 순간』은 수많은 독자들의 사랑을 받았고, 이후에 발표한 책들도 베스트셀러가 되었습니다. 그저 마음으로 감사했을 뿐인데, 그 감사가 삶 전체로 퍼져 나갔던 것입니다.

감사하기는 결코 허황된 이야기가 아닙니다. 현실적이면서 과학적인 이야기입니다. 감사하기를 실천할 때 우리는 자신에 대해서뿐만 아니라 타인에 대해서도 감사하게 됩니다. 따라서 감사하기는 자신을 긍정하게 만들고 타인도 긍정하게 만듭니다. 김주환은 자기 자신에 대해 정보 처리하는 뇌 영역과 타인에 대해 정보 처리하는 뇌 영역이 같다고 말합니다. 인간은 자신을 긍정적으로 이해할수록 타인도 긍정적으로 이해하게 되는 뇌 구조를 가지고 있습니다.

감사하기로 자기 이해 지능이 높아진 사람은 감정 조절 능력과 대인 관계 지능도 덩달아 높아집니다. 높아진 회복 탄력성으로 자신의 감정을 잘 통제하게 되고, 타인과도 원만한 관계를 맺게 되니 삶의 행복도가 높아질 수밖에 없지요.

감사는 긍정적으로 자기 자신을 이해하게 하고 자신을 둘러싼 세계의 밝은 면을 보게 해 줍니다. 물론 성과에 중독된 사회에 살고 있는 현대인의 삶에 밝은 면만 있지는 않습니다. 오히려 어둡고 음울하고 부정적인 에너지로 가득할 수 있습니다.

감사하기는 그런 다채로운 삶 속에서 모든 에너지의 초점을 '감사'로 모으는 일입니다. 마치 볼록 거울로 빛을 모으듯이 감사로 삶의 에너지를 집중하는 행위인 것입니다. 아무리 암울한 삶이라도 6개월만 감사의 빛을 모으면, 볼록 렌즈를 통과한 빛이 두꺼운 나무를 뚫듯이 꽉 막힌 현실도 뚫고 나가게 된다고, 공지영은 내기를 걸어도 좋다고 큰소리쳤습니다. 저는 그의 말이 허튼소리가 아니라고 믿습니다.

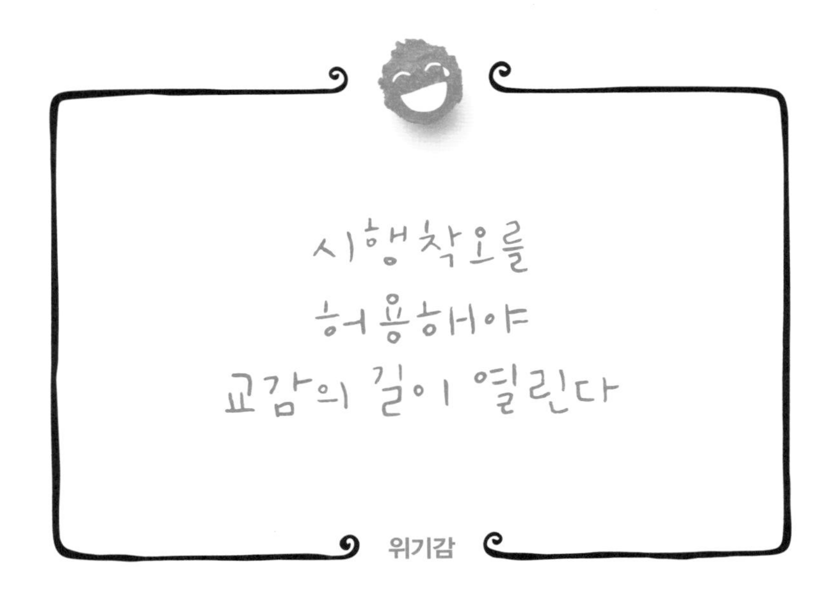

시행착오를 허용해야 교감의 길이 열린다

위기감

폭력을 소통의 방법으로 사용한 종규 아버지는 아이와의 교감에 실패한 부모입니다. 하지만 분명코 종규 아버지도 아들과 교감하는 부모가 되길 원했을 거라고 믿습니다. 다만 사춘기가 된 아들의 변한 모습에 길을 잃고 헤맸던 거라고 생각합니다. 종규 아버지는 우유부단한 아들의 답답한 성격을 매를 들어서라도 바로잡아 줘야 한다고 판단한 듯했습니다.

아이와 교감하기를 원치 않는 부모는 없을 것입니다. 하지만 어렸을 때와 다른 존재가 되어 버린 십 대 자녀와의 교감은 바람을 잡는 일처럼 헛된 노력이 될 때가 많습니다. 부모가 십 대 아이와 교감하기 어려운 것은 사춘기가 혼란과 변화의 시기이기 때문입니다. 마이크 리에라의 『교감하는 부모가 아이의 십 대를 살린다』에서는 "십 대는 부모에게 아주 모순된 요구를 한다."라고 말합니다.

"내가 아무리 못되게 굴더라도, 제발 내 편이 되어 줘요."

십 대가 부모에게 필사적으로 알리고 싶지만 어린아이처럼 보이고 싶지 않아서 절대 입 밖으로 내놓지 못하는 말입니다. 십 대와의 교감은 이런 모순된 요구에 응답하는 것이기도 합니다. 따라서 사춘기 자녀와 교감하는 일은 결코 명료할 수 없는 일입니다. 그것은 마치 어떤 장애물에 부딪칠지 모르는 안개 속으로 발을 내딛는 일과 같습니다. 아이의 속내를 끄집어내기 위해 미로를 헤매기도 하고, 의도가 순수하지 못한 질문에 곤혹스러움을 겪기도 합니다. 또한 아이의 무리한 요구에 대처하느라 진땀을 빼야 할 때도 있습니다. 『교감하는 부모가 아이의 십 대를 살린다』에서 말했듯이 "십 대의 마음은 허세와 혼돈, 과대망상과 의기소침이 뒤섞인 혼합물"이기 때문입니다.

“부모님 칭찬할 게 없거든요.”

마이크 리에라는 부모의 유형을 명령형 부모, 방임형 부모, 전문가형 부모로 나눕니다. 명령형 부모와 방임형 부모가 서로 우열을 가리기 힘들 정도로 아이를 망친다는 사실은 널리 알려져 있습니다. 아는 만큼 명령과 방임의 시행착오를 얼마나 하지 않느냐 하는 실천의 문제는 별개로 말이지요.

제가 생활 부장을 하면서 만났던 부모들 중에서 가장 위험한 유형은 전문가형 부모였습니다. 이를 테면 아는 것이 병인 부모들인데, 오히려 그것 때문에 아이들이 중병을 앓고 있었습니다. 그리고 그들은 아이와 가장 교감을 못하는 부모이기도 했습니다.

몇 년 전, 대학교수이자 부모 교육 전문 강사의 아들이 교권을 침해한 사건이 있었습니다. 1학년 때의 영수는 더러 사고를 치긴 했지만 그저 장난기가 많은 아이였습니다. 중 2가 되면서 영수는 달라졌습니다. 2학년 말에 벌점을 많이 받아 교내 봉사 처분을 받은 영수가 보였던 행동은 적잖은 충격을 주었습니다.

영수는 부모님과 소통하는 데 어려움을 겪는 듯했습니다. 교내 봉사 첫날, ‘부모님 칭찬 30개 쓰기’ 과제를 받고 영수는 몹시 신경질을 냈습니다.

"아, 진짜 이런 걸 왜 하는 거예요? 칭찬할 게 하나도 없는데!"

뾰족하게 날을 세우던 영수는 "칭찬 30개를 못 채우면 집에 못 간다."라는 말을 듣고서야 마지못해 연필을 집어 들었습니다. 뜨거운 김을 내뿜으며 영수가 적어 내려간 편지지에는 이런 칭찬들이 늘어졌습니다.

'눈이 있다.', '코가 있다.', '입이 있다.', '팔이 있다.'

"야, 인마! 이런 걸 부모님께 어떻게 보여 드리냐, 어?"

핀잔을 주어도 아랑곳하지 않고 버티는 녀석에게 힌트를 줄 수밖에 없었습니다.

"영수야. 뭐, 그런 거 있잖아. 어머니가 맛있는 요리를 해 주시고, 아버지가 멋진 운동화를 사 주시고……. 그런 거 말이야."

녀석은 '아하!' 하는 표정을 짓더니 편지지에 열심히 썼습니다.

'청바지를 사 줬다.', '운동화를 사 줬다.', '양말을 사 줬다.', '가방을 사 줬다.'

편지지를 받아들고 '내가 졌다.'라는 표정으로 영수를 쳐다보며 말했습니다.

"'사 줬다'를 '사 주셨다'로 좀 바꾸자."

영수는 '줬다'를 '주셨다'로 바꾼 뒤 부모님 칭찬 편지를 들고 의기양양하게 돌아갔습니다. 다음 날, 영수는 부모님이 사인을 해 주지 않고 다시 써 오라고 했다며 울상을 지었습니다. 하지만 영수는 끝내 다시 써 가지 않았습니다.

영수의 아버지는 학교 운영 위원회 위원장이었습니다. 다음 해에도 영수 아버지는 학운위원장직을 유지했습니다. 졸업식이나 입학식 때는 청산유수 같은 말솜씨로 축사를 했습니다. 귀에 쏙쏙 들어오는 묵직한 억양도 언변을 돋보이게 했습니다. 하지만 3학년이 된 영수의 학교생활은 순조롭지 않았습니다. 영수는 무기력하고 반항적인 모습을 보이며 극단으로 치달았습니다.

영수 아버지의 전문가적 지식은 아들과 교감하는 일에 다리가 되기보다는 장벽이 되는 듯 보였습니다. 지식이 아이를 일으켜 주기보다 주저앉히는 역할을 할 뿐이었습니다. 영수는 낙엽이 지는 속도처럼 빠르게 빛바래고 시들어 갔습니다. 점점 자기 통제력을 상실해 가던 영수는 3학년 2학기 중간고사 무렵 대형 사고를 치고 말았습니다.

중간고사를 사흘 앞둔 국어 시간에 일어난 사건이었습니다. 자신의 수행 평가 점수가 부당하다며 영수가 큰소리로 투덜거렸습니다.

“아, 내 점수가 이게 뭐야? 이게 말이 되냐고! 에이, 씨…….”

선생님이 수업을 멈추고 침착한 목소리로 말했습니다.

“수행 평가 점수에 대한 불만은 수업이 끝난 후에 얘기하고, 일단 수업부터 진행하도록 하자."

수업을 재개했지만 영수가 책상을 치며 계속 불만을 터뜨려서 중단할 수밖에 없었습니다. 선생님이 영수를 교탁 앞으로 불러 수행 평가 점수에 대해 설명해 주었습니다. 하지만 영수는 자신의 점수가 모둠 활동에 제대로 참석하지 않은 민호보다 낮은 것을 납득하지 못했습니다.

"아, 정말……."

화를 못 참겠다는 듯이 몇 번이나 주먹을 쥐었다 펴면서 영수가 말했습니다.

"자꾸 절 화나게 하지 마세요."

순간 선생님은 학생이 자신을 때릴 것 같은 공포를 느꼈지만 침착한 태도를 잃지 않았습니다.

"너, 지금 주먹 쥔 거니?"

"아, 진짜! 화나게 하지 말라니까요!"

영수는 포효하는 짐승처럼 으르렁거리며 다시 주먹을 쥐었다 폈습니다. 국어 선생님은 영수에게 일단 자리로 돌아가라고 했습니다. 영수는 칠판을 쾅 치고 나서 자기 자리로 돌아갔습니다. 자리로 돌아간 뒤에도 영수는 계속 책상을 치는 등 불만을 표출하면서 수업을 방해했습니다.

부모에게 이해받지 못하는 아이

일주일 뒤, 영수에 대한 교권 침해 위원회가 열렸습니다. 개교 이래 최초였고, 그 대상은 학운위원장의 아들이었습니다.

학부모 위원으로 참석한 두 명의 학부모는 공교롭게도 학교 운영 위원회 위원이기도 했습니다. 교권을 침해한 학생의 보호자로 앉아 있는 위원장을 본 그들의 얼굴은 당혹스러움으로 가득했습니다.

영수 아버지는 교권 침해 위원회 위원들 앞에서 당당하게 아들의 편이 되어 주었습니다.

"영수가 선생님께 무례하고 예의에 어긋난 행동을 한 것은 저도 백번 잘못한 행동이라고 생각합니다. 하지만 수업이 끝난 후에 교무실로 찾아가서 사과를 드렸는데, 선생님이 '너 같은 애하고 얘기하고 싶지 않다.'라고 말씀하셨다는 말을 듣고 저도 너무 속상했습니다."

국어 선생님은 영수의 사과에 진정성이 없었다고 했습니다. 사과를 했으니 대충 덮어 달라고 노골적으로 요구하며 교사와 거래하려는 태도를 보였다는 것이었습니다. 그 모습에 국어 선생님은 교권 침해 위원회를 열어야겠다고 마음먹었다고 했습니다. 주먹을 쥐고 선생님을 위협한 행동이 폭력적 행위였다는 인식조차 없어서 사과로 끝낼 수가 없었던 것이지요. 그리고 영수가 부모님에게 교실에서 행했던 자신의 행동을 축소하고 부인한 것도 문제였습니다.

영수 아버지는 아들의 말만 믿고 아들의 편이 돼 주었습니다. 영수 아버지의 태도는 '내가 아무리 못되게 굴어도 제발 내 편이 돼 줘요.'라는 아이의 모순된 요구를 품어 준 행동이었을까요? 여기서 '못되게 군다.'는 의미는 일차적으로 자신의 부모에게 못되게 구는 행동일 것입니다. 다른 사람들에게 못되게 군 아이의 편이 돼 주는 것은 전혀 다른 맥락의 일입니다. 아이를 더 망치게 할 수 있는 위험한 행동이기 때문이지요.

선생님을 위협했던 영수의 '행동'보다 더 심각했던 것은 자신의 잘못을 부인하며 사과로 대충 덮으려 했던 영수의 '태도'였습니다. 백번 양보해서 타인에게 못되게 군 행동을 실수로 품어 줄 수 있다고 해도, 타인을 함부로 대하는 태도만은 절대 포용해선 안 됩니다.

마이크 리에라에 따르면 청소년기의 행동은 부모보다 또래 친구들에게 더 큰 영향을 받는다고 합니다. 반면에 청소년기의 태도는 부모가 또래 친구들보다 더 많은 영향을 끼친다고 합니다. 영수의 폭력적인 행동은 나타났다 사라졌다 하겠지만, 영수의 태도는 오래도록 지속될 것입니다. 그런 점에서 영수와 아버지의 태도가 걱정되었습니다.

사실 영수가 보인 태도는 부모에게 이해받지 못하는 아이의 전형적인 모습이었습니다. 영수 아버지에게 영수는 자신의 전문가적 지식으로는 결코 이해되지 않는 아이였을지 모릅니다. 영수는 두 해 전 '어머니께 편지 쓰기'를 했을 때도 편지지를 거의 채우지 못했습니다. 어머니에게는 더 많이 거부당한 듯 보였습니다. 영수에게는 성실하고 똑똑하기까지 한 누나가 둘 있었는데, 그들 역시 영수를 이해해 주지 않는 듯했습니다. 영수는 가족 중에 자기 편이 한 사람도 없다고 느끼며 살아온 듯 보였습니다.

리에라는 "십 대의 마음에는 어른과 다섯 살 아이가 공존하고 있다."라고 말합니다. 부모에게 이해받지 못한 아이는 영수처럼 과오를 범했을 때 어린아이처럼 사실을 왜곡하면서 말도 안 되는 억지를 부리곤 합니다.

『내 영혼이 따뜻했던 날들』을 보면, 체로키 인디언들에게는 "나는 당신을 사랑합니다."라는 말이 없다고 합니다. 그들은 사랑한다는 말 대신 "나는 당신을 이해합니다."라고 한답니다. 이 얼마나 예지력이 뛰어난 사람들인가요. 누구에게도 이해받지 못하는 사람은 결코 자신이 사랑받는 존재라고 느끼지 못할 테니 말입니다.

하지만 자신에게 큰 위기가 닥쳤을 때 영수는 아버지에 대해서 새롭게 인식하게 된 것 같았습니다. 교권 침해 위원회 위원들 앞에서 자신의 말을 무조건 옹호해 주던 아버지를 보면서 '아버지는 내 편이구나.'라고 느끼게 된 듯했습니다.

위기 상황에서는 아이 편이 돼 주자

인간은 힘들고 아팠던 시기에 그 고통을 함께해 준 사람을 잊지 못합니다. 또한 누구보다 그 사람과 끈끈한 유대감을 느낍니다. 생존의 위기를 겪었을 때 자신의 편이 돼 주었기 때문이지요. 마이크 리에라에 따르면 아이가 부모에게 느끼는 유대감도 마찬가지입니다. 부모와 아이가 위험을 공유할수록 그 유대감은 깊어집니다. 부모 교육 전문가들이 자녀와의 여행을 권하는 이유이기도 합니다. 힘겨운 등반을 함께하거나 집을 떠나 밖에서 야영하는 것은 부모와 아이가 위기를 공유하는 것입니다. 그 위기를 함께 겪어 나가면 더 끈끈한 유대감을 가지게 됩니다.

그런데 실생활에서 자녀가 위기를 겪을 때는 그게 말처럼 쉬운 일이 아닙니다. 아이로 인해 발생한 위기를 함께 극복하는 일에는 왠지 야박해지게 됩니다. 자기 일 하나 알아서 하지 못하나 하는 생각에 아이가 못마땅해 보이기 때문입니다. 그러나 그것은 아이와 친밀해질 황금 같은 기회를 걷어차 버리는 행동이나 다름없습니다.

『교감하는 부모가 아이의 십 대를 살린다』에 소개된 한 어머니도 그런 부모 중 한 사람이었습니다. 아이가 곤경에 처하면 도와주기보다 한심해하는 편에 가까웠습니다. 이 어머니는 '5분 동안 귀 기울여 주기' 과제를 하면서 달라졌습니다. 아들이 대학 입학 원서를 접수 날짜까지 준비하지 못할 거라고 울먹이자 어머니는 화가 치밀어 올랐습니다. 하지만 과제를 떠올리고는 5분 동안 아이의 징징거리는 말을 귀 기울여 듣겠다고 마음을 고쳐먹었습니다.

처음에는 고역도 그런 고역이 없었습니다. 하지만 자신이 어머니의 역할을 하는 게 아니라 과제를 할 뿐이라고 생각하자 조금씩 마음이 편해졌습니다. 5분쯤 아이가 원하는 대로 원서 작성하는 일을 도왔더니, 어느덧 아들의 기분이 좋아졌습니다. 이 일은 몇 달 동안 힘들었던 아들과의 관계를 회복할 수 있는 기회가 되었습니다. 원서 작업을 끝낸 아들이 어머니를 끌어안으며 이렇게 말했습니다.

"원서 쓰는 걸 도와줘서 고마워요. 다른 모든 것도요. 그리고 원서 쓰는 것 때문에 내가 짜증을 내도 화내지 않아서 고마워요."

영수 아버지도 아들에게 절체절명의 위기가 닥쳤을 때 어쨌든 아이의 전우가 돼 주었습니다. 사고가 일어났던 다음 날, 국어 선생님을 찾아가 사과하기 위해 세 시간을 기다렸으며(그날은 끝내 선생님이 만나 주지 않았습니다만), 교감 선생님과 교장 선생님을 찾아가 두 해 동안 학교를 위해 헌신했던 공을 봐서라도 선처해 달라고 읍소를 마다하지 않았습니다. 그런 노력과 무관한 일이 분명하지만, 여하튼 영수는 교권 침해 위원회에서 강제 전학 처분을 면하고 사회봉사 이수 조치를 받았습니다.

그 위기를 계기로 영수는 아버지에 대해 '위험한 상황에 처했을 때 내 편이 돼 주는 존재'라고 느낀 듯했습니다. 그 사건 이후 영수는 더디긴 했지만 조금씩 마음을 잡아 가는 모습을 보여 주었습니다. 영수는 스스로 자치 법정을 신청하고 과제를 이행함으로써 지난해와 달리 교내 봉사 처분을 면할 수 있었습니다.

영수는 꽤 놀라운 선행을 하여 공덕을 쌓는 모습도 보였습니다. 여학생들 사이에서 따돌림을 당해 급식실에 가지 못하고 점심을 굶고 있던 연주를 구해 준 일이었습니다. 영수가 친분이 있던 여학생 세 명에게 함께 점심을 먹어 달라고 부탁한 덕분에 연주는 곤경에서 벗어날 수 있었습니다. 여전히 우쭐대며 거들먹거리기도 했지만 영수는 학년 말로 갈수록 행동이 차분해지고 표정도 밝아졌습니다.

십 대의 혼란과 교감하는 부모

전문가형 부모는 아이와 자신에게 좀처럼 실수를 허락하지 않습니다. 그들은 아이가 묻기도 전에 이미 해답을 알고 있고, 아이가 무엇을 느끼는지 알아차리기도 전에 아이가 하려는 것을 꿰뚫어 봅니다. 자신의 삶을 스스로 통제하고 싶은 욕구가 강한 십 대에게 전문가형 부모는 가장 싫어하는 유형이 되기 십상입니다.

마이크 리에라는 "아이가 십 대가 되면 전문가형 부모보다는 호기심이 많은 부모 쪽으로 방향을 틀어야 한다."라고 조언합니다. 호기심형 부모는 아이에게나 자신에게나 시행착오를 허용하는 부모입니다. 십 대와 교감한다는 것은 십 대의 혼란과 교감하는 일입니다. 호기심형 부모들은 십 대의 혼란을 그들의 고유한 특성으로 이해합니다. 그래서 십 대의 혼란, 그 안개 속으로 기꺼이 들어갑니다. 리에라는 "혼란에 대한 가장 나쁜 대처법은 혼란의 두려움에서 벗어나기 위해 공격 또는 도피 반응을 보이는 것이다."라고 합니다. 혼란에 가장 나쁘게 대처하는 아이와 부모들은 혼란의 경험을 지적능력이 부족하고 무능한 탓으로 받아들입니다. 반면에 호기심형 부모는 혼란스러운 상황에서 아이와 자신에게 이렇게 말합니다.

"좋아, 이제 좀 재미있어지는군. 내가 혼란을 느끼는 건 지금 뭔가를 배울 단계라는 의미야. 그러니 나한테 필요한 것은 시간과 휴식이야. 인내하고 끈기 있게 해 나간다면 모든 게 분명해질 거야."

십 대는 명료함보다 혼란이 더 친숙한 존재들입니다. 그들은 부모로부터 명료한 해법을 얻으려 하기보다, 자기만의 혼란 속에서 침묵하기를 더 선호할지도 모릅니다. 십 대와 교감하는 일은 기꺼이 혼란을 껴안는 일입니다. 리베라는 "십 대들은 혼란스러운 존재인 동시에 지구상에서 살아가는 생명체 가운데 가장 창의적이고 재미있는 인간들이기도 하다."라고 합니다. 당신이 십 대의 혼란 속으로 기꺼이 들어가는 호기심형 부모가 된다면 그들의 창의성과 낙천성도 함께 즐기게 될 것입니다.

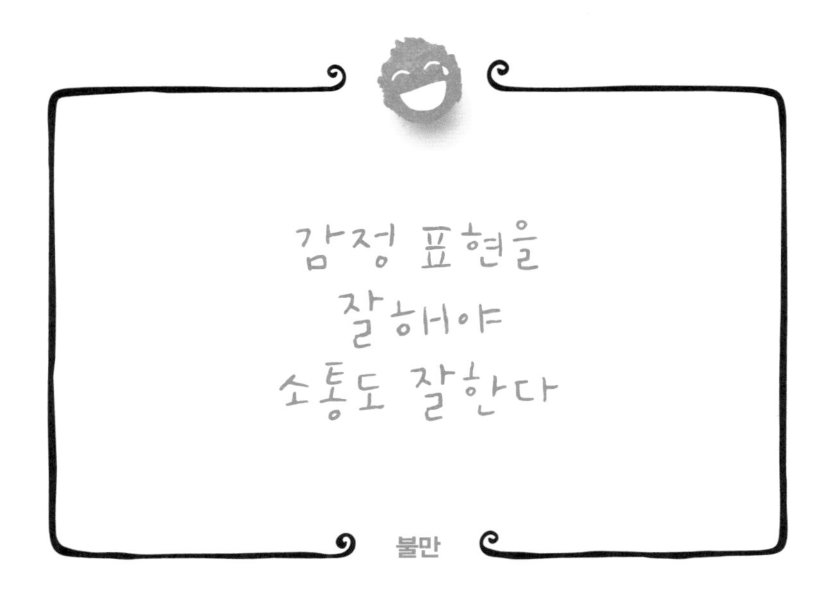

학교 폭력의 가해자가 된 아이들은 부모로부터 폭력 소통을 당해 왔다는 공통점을 가지고 있습니다. 부모의 폭력적 소통 방식에 고통스러워하면서도 자신도 모르게 폭력적 방식을 그대로 따라 하게 되기 때문이지요.

그렇다면 학교 폭력의 피해자가 되는 아이들의 부모는 어떻게 소통할까요? 그들 역시 폭력적으로 소통하기는 마찬가진데, 자녀가 부정적 감정을 제대로 표현하지 못하게 억압하는 방식으로 소통하는 경우가 많습니다.

학교 폭력은 '감정의 부딪침'으로 발생하는 사건입니다. 자신의 감정을 제대로 표현하지 못하거나 정확히 전달하지 못하는 아이들이 학교 폭력의 피해자가 되거나 가해자가 됩니다. 감정 표현을 잘하는 아이는 튼튼한 장화를 신은 것처럼 학교 폭력이라는 흙탕물에 빠지는 일이 거의 없습니다.

『당신으로 충분하다』의 저자 정혜신은 감정 표현을 잘하는 것이 잘 운다거나 거침없이 감정을 표현하는 것이 아니라 "자기가 느끼고 있는 감정을 훼손하거나 왜곡하지 않고, 있는 그대로, 타인이 수용할 수 있는 방식으로 표현하는 것이 감정 표현을 잘하는 것이다."라고 말합니다. 덧붙여 그렇게 자신의 감정을 표현할 수 있는 사람은 삶을 스트레스 없이 건강하게 살아갈 수 있다고 했습니다. 자신의 감정을 불필요하게 억압하거나 쌓아 두지 않고 상대에게 적절히 알릴 수 있기 때문입니다.

십 대 아이들 또한 마찬가지입니다. 감정 표현을 잘하는 아이는 일단 본인이 편안하고 친구들에게도 이해받기가 쉽습니다. 주변에서 그 아이가 어떤 마음과 생각을 가지고 있는지 비교적 잘 알 수 있기 때문이지요.

최초의 타인인 부모에게 충분히 자신의 감정을 표현하며 자란 아이는 학교에서 친구들과 관계를 맺는 일에도 어려움을 겪지 않습니다. 성격 좋은 아이로 통하고 친구가 되려는 아이들로 주변이 늘 북적거립니다. 하지만 부모에게 감정을 제대로 표현하지 못하고 자란 아이는 친구들과 관계 맺는 일에 어려움을 겪기 쉽습니다.

불만을 말하지 못하는 아이

몇 해 전 담임을 맡았을 때 겪었던 일입니다. 2학기 중간고사가 끝난 며칠 뒤 소현이 어머니에게 전화가 왔습니다. 소현이의 친구 관계 문제로 상담을 요청했는데, 목소리가 무거웠습니다. 이야기를 들어 보니, 소현이가 친구들로부터 따돌림을 당하고 있었습니다. 전화를 끊고, 그동안 교실에서 보았던 소현이의 모습을 떠올려 보았습니다. 최근 들어 불만스러운 표정이 자주 보였는데, 내면의 불안을 감추기 위한 노력이었던 셈입니다.

다음 날, 어머니와 이야기를 나누던 저는 안타까움을 금할 수 없었습니다. 소현이 어머니가 담임을 너무 늦게 찾아와서였습니다. 소현이와 친구들의 관계가 틀어지기 시작한 것은 7월부터였습니다. 소현이는 거의 석 달 동안이나 가슴앓이를 해 온 것입니다.

소현이는 여섯 명의 여학생 무리에 속해 있었습니다. 친구들과 별 문제없이 친하게 지냈는데, 여름 방학 직전부터 단짝이었던 미정이를 제외한 네 명으로부터 극심한 소외감을 느끼기 시작했습니다. 그 내용을 정리해 보면 이런 식이었습니다.

- 명주와 정인이가 속닥거리며 얘기를 하고 있다. 소현이가 끼어들며 무슨 얘기를 하냐고 물으면, 명주와 정인이가 얼굴을 마주 보며 입을 다문다.
- 경진, 정인, 유진이가 얘기를 나누고 있다. 소현이가 같이 얘기하려고 간간이 대화에 끼어든다. 하지만 아무도 대꾸하지 않고 자기들끼리 계속 수다를 떤다.
- 점점 소현이가 말을 안 하게 된다. 그러면 수다를 떨던 네 명 가운데 한 명이 너는 왜 아무 말도 안 하냐고 핀잔을 준다. 답답해진 소현이가 미정이를 따로 불러 억울한 감정을 토로한다. 아이들은 미정이한테만 속마음을 말하고 자기들에게 직접 감정 표현을 하지 않는다며 소현이를 더 마음에 들어 하지 않는다.

어머니 전화를 받고 먼저 소현이와 면담을 했습니다.

"왜 친구들에게 불만스러웠던 일들을 말하지 않았니?"

"저는 어렸을 때부터 다른 사람한테 싫은 소리를 못했어요. 그런 얘기를 하는 게 너무 힘들더라고요."

평소 소현이는 내성적인 성격이 아니었습니다. 오히려 활달한 편이었고 우스갯소리도 곧잘 하는 아이였습니다.

불만을 말하지 못하게 하는 엄마

소현이 어머니와 그 부분에 대해서 집중적으로 대화를 나누었습니다. 소현이 어머니는 자신이 요즘 엄마들에 비해 딸을 엄하게 키우는 편이라고 고백했습니다. 소현이가 뭔가 불만을 말하려다가도 자신이 인상을 쓰면 아무 말 못하고 입을 다문다고 했습니다.

"어머니, 소현이가 친구들한테 감정 표현을 하지 못했던 건 어머니와 소통해 온 방식 때문인 것 같아요. 어머니에게 자신의 불만을 얘기하지 못했듯이 친구들에게도 불만을 솔직하게 표현하지 못한 것이죠. 앞으로는 소현이가 감정을 충분히 표현할 수 있도록 이끌어 주시는 노력이 필요해요."

"그랬던 거군요. 전 한 번도 제 방식에 문제가 있다고 생각해 보지 못했어요. 제 탓이 컸네요."

그동안 소현이는 몇 번이나 전학을 보내 달라고 졸랐다고 했습니다. 그러다 일주일 전부터는 학교만 갔다 오면 펑펑 운다며 눈물을 글썽였습니다.

"선생님, 제가 어떻게 해야 할까요?"

"먼저 소현이에게 사과를 하시는 게 좋을 거 같아요. '그동안 네 감정을 충분히 표현하지 못하게 해서 엄마가 미안하다. 네가 엄마한테 불만이 있어도 제대로 감정을 표현하지 못했기 때문에 친구들한테도 네 감정을 표현하지 못했던 모양이다. 앞으로는 엄마한테 네 감정을 다 터놓고 말해도 돼.'라고 말해 주세요. 그동안 소현이가 감정 표현을 못하는 자신이 얼마나 답답했겠어요. 그게 자기 탓이 아니라 어머니의 양육법 때문이었다는 걸 알게 되는 것만으로도 큰 힘이 될 거예요. 왜 그런지 모를 때는 어떻게 고쳐야 할지 모르니까 더 힘들거든요. '이젠 엄마랑 같이 고쳐 나갈 수 있겠구나.' 하는 자신감이 생기게 될 거예요."

소현이 어머니는 눈물을 떨구며 고개를 끄덕였습니다.

"어머니, 너무 걱정하지 마세요. 제가 힘써서 잘 해결해 보겠습니다."

1학기 때 여섯 명 사이에서 비슷한 사건이 있었을 때에도 담임으로서 잘 해결한 경험이 있어서 어머니를 안심시키고 상담을 마쳤습니다.

아이의 감정을 지적 틀 안에 넣지 마라

친구 관계로 어려움을 겪고 있는 소현이에게 가장 필요한 것은 자신의 감정에 공감해 주고 그것을 수용해 주는 엄마였습니다. 하지만 소현이는 엄마의 정서적 지지를 받지 못했습니다. 소현이 어머니는 딸이 심각한 위기 상황에 빠졌을 때 적절히 위로해 주지 못하고 타이르기만 했습니다.

"그런 어려움은 학창 시절에 누구나 겪는 일이니까 네가 극복해 나가야 해."

이렇게 아이의 정서적 반응을 지적인 틀에 넣어 소화하려는 것을 심리학 용어로 '주지화'라고 합니다. 주지화란 소현이 어머니의 경우처럼 '아이가 겪고 있는 감정적 고통을 일반론적 지식으로 덮어 버리려 하는 행위'를 말합니다. 눈 가리고 아웅 하는 식으로 애써 외면하는 것이지요.

정혜신은 "아이가 관계에서 상처를 받는 것은 비판이나 비난 등의 공격 행위에 의해서가 아니다."라고 말합니다. 그보다는 오히려

"자기 속에 있는 상처를 꺼내 보여 주었는데, 부모가 그것을 가슴으로 받아들이지 않았다."라는 느낌을 받을 때 더 깊은 상처를 받는다고 합니다. 소현이의 경우가 그러했습니다. 엄마에게 왕따의 고통을 고백한 후에 들었던 말은 누구나 겪는 일이니까 그냥 잘 견디라는 말뿐이었습니다. 그 말은 친구들한테 왕따를 당해 아픔을 겪고 있는 소현이의 마음에 죄책감이라는 고통까지 얹어 주는 것이었습니다.

소현이가 속마음을 얘기했을 때 어머니에게 충분한 공감을 받았다면 어땠을까요? 자신의 감정이 틀리지 않았다고 느끼고 안심했을 것입니다. 정혜신은 부모의 정서적 지지를 통해 아이가 깊은 위로와 근원적인 안정감을 얻는 것이 중요하다고 강조합니다.

"이제부터 너도 걔네들한테 하고 싶은 말 다 하고, 화나는 게 있으면 참지 말고 화를 내. 너한테 못되게 구는 애가 있으면 머리채를 붙잡고 싸워도 돼. 뒷일은 엄마가 다 책임져 줄 테니까, 알았지?"

만약 어머니가 소현이 편을 들며 이렇게 말해 주었다면 어땠을까요? 소현이가 '아, 엄마가 그래도 된다고 했으니까 애들하고 한판 붙어야겠다.'라고 생각할까요? 정혜신은 사람 마음이 그렇게 단순하게 작동하지 않는다고 말합니다. 자신의 감정을 충분히 이해받고 지지받으면 오히려 직접 그렇게 행동하고 싶은 생각이 줄어든다는 것입니다. 충동적이고 우발적인 행동은 오랫동안 자신의 감정이 공감받지 못하고 이해받지 못했을 때 나타나는 현상입니다. 따라서 정서적 공감과 지지는 오히려 충동적 행동을 자제하게 만드는 강력한 수단이 됩니다.

감정을 낱낱이 표현하는 시간

이틀 뒤 1교시에 여섯 명을 모둠 학습실로 불렀습니다. 몇 달에 걸쳐 감정의 골이 깊어진 아이들은 매우 어색해했습니다. 먼저, 아이들에게 소현이의 심정을 설명해 주었습니다.

"소현이는 뒤에서 너희들끼리 얘기하지 말고 자기 앞에서 말해 줬으면 좋겠대. 잘못된 점을 알아야 고쳐 나갈 수 있는 거잖아. 자, 각자 평소에 하고 싶었던 말들을 이 자리에서 다 꺼내 놔 봐."

아이들은 서로 눈치만 보고 아무 말도 하지 않았습니다. 그러다 정인이가 단도직입적으로 속마음을 꺼내 놨습니다.

"나는 네가 형준이와의 비밀 연애를 숨겨서 배신감이 들었어. 그리고 미정이한테만 속마음을 털어놓는 것도 마음에 안 들어."

다른 아이들도 정인이와 비슷한 이야기를 했습니다. 소현이는 아이들에게 그 부분에 대해 사과했습니다. 저는 이어서 소현이에게 아이들에게 따돌림당했을 때 어떤 기분이었는지 말할 기회를 주었습니다.

"나한테 아무도 이유를 말해 주지 않고 계속 나를 무시하고 따돌렸을 때 너무 힘들었어. 전학 가고 싶을 정도로……."

소현이의 말을 들은 아이들이 잠시 숙연해졌습니다. 그때 엄숙한 분위기를 깨듯 1교시 종료 종이 울렸습니다. 하지만 아직 풀어야 할 과제가 남아 있었습니다. 아이들은 경진이의 눈치를 살폈습니다. 소현이와 헤어진 형준이가 경진이와 일주일 전부터 사귀고 있어서였습니다. 유진이가 어렵게 입을 열었습니다.

"선생님, 형준이도 불러서 같이 얘기해야 할 것 같아요. 형준이가 나쁜 놈이에요. 형준이가 소현이한테 비밀 연애하자고만 안 했어도 우리 사이가 이렇게 나빠지지 않았을 거예요. 일단 형준이한테 사과를 받아야 할 거 같아요."

경진이가 그 의견에 동조했습니다.

"네, 형준이가 소현이한테 사과하는 것도 듣고 싶어요."

2교시가 시작되기 전에 미정이에게 형준이를 불러오게 했습니다. 아이들이 2교시 수업도 빠지게 된다는 것이 마음에 걸렸지만, 수업보다 아이들끼리 소통하는 이 시간이 중요하다는 판단이 들었습니다.

잠시 뒤 형준이가 미정이를 따라 들어왔습니다. 형준이에게 1교시에 있었던 일들을 설명해 준 뒤, 소현이에게 사과를 하게 했습니다. 형준이가 더듬거리며 비밀 연애를 하자고 해서 피해를 준 것에 대해 소현이에게 사과했습니다.

아이들은 소현이가 자신들과 다시 친구가 되고 싶은지 확인하고 싶어 했습니다. 조금 주저하던 소현이가 용기를 내서 그러고 싶다고 대답했습니다. 다섯 명 모두 소현이를 친구로 받아 줄 마음이 있는지 확인할 차례였습니다.

1학기 때 무리에서 따돌림을 당한 적이 있던 명주가 먼저 입을 열었습니다.

"다섯 명은 홀수여서 불안하니까 소현이와 다시 친해져서 짝수가 되면 좋겠어."

다른 아이들도 명주의 의견에 동의했습니다. 흔쾌히 동의한 아이도 있었고 머뭇거리다가 동의한 아이도 있었습니다. 아직 감정을 낱낱이 표현한 게 아닌 듯 보였습니다. 그런 아이들을 독려하며 물었습니다.

"더 할 말이 있는 사람은 지금 다 말하도록 해. 소현이가 고쳐줬으면 하는 점이 있으면 하나도 빼놓지 말고 얘기해."

미정이가 무겁게 닫혀 있던 입을 열어 속내를 털어놓았습니다.

"난 네가 두 가지를 고쳐 줬으면 좋겠어. 우리보다 남자애들을 더 좋아하는 거하고, 우리한테 돈을 잘 쓰지 않는 거."

미정이의 말을 듣고 난 소현이는 고개를 크게 끄덕였습니다.

"내가 그랬구나. 그동안 잘 몰랐어. 앞으로는 고칠게."

그 말에 친구들의 마음이 움직인 듯했습니다. 아이들이 소현이에게 미소를 지어 보였거든요. 그때 2교시를 마치는 종소리가 울렸습니다.

"자, 그럼 대화는 이것으로 마치자. 오늘 수업 끝나고 여섯 명 모두 남아라. 선생님이랑 저녁 먹으러 가자."

"우아!"

아이들이 탄성을 지르며 좋아했습니다. 그날 녀석들은 언제 싸웠느냐는 듯 신나게 떠들면서 맛있게 저녁을 먹었습니다.

소현이는 생각보다 쿨했습니다. 그날부터 농담도 하며 적극적으로 친구들과 소통하는 모습을 보였습니다. 마음의 빗장이 열리자 타고난 활달함과 유머 감각이 빛을 발했던 것입니다. 동병상련을 겪었던 명주가 소현이에게 큰 힘이 돼 주기도 했습니다.

슈드비 콤플렉스에 빠져 있는 엄마

소현이 어머니는 슈드비 콤플렉스의 함정에 빠져 있었습니다. 슈드비 콤플렉스란 '반드시 ~해야 한다.'라는 견고한 자기 굴레를 말합니다. 소현이 어머니는 '무릇 학생이라면 선생님 말씀 잘 듣고 친구들과 싸우지 않으며 사이좋게 지내야 한다.'라는 굳은 신념을 가지고 있는 것 같았습니다. 소현이 어머니가 친구들의 따돌림으로 고통스러워하는 소현이에게 줄곧 "네가 조금만 더 참아. 몇 달만 더 참으면 2학년이 될 거고, 걔네들하고도 떨어지게 될 테니까."라고 타이른 것도 슈드비 콤플렉스 때문이었습니다.

초등학교 시절부터 소현이네와 미정이네는 친밀하게 지냈습니다. 저녁 식사도 자주 했는데, 소현이 어머니는 미정이가 엄마한테 신경질 부리는 모습을 볼 때마다 '저건 아닌데…….'라고 생각했다고 합니다.

"우리 소현이는 절대 저한테 그런 모습을 보이지 않거든요. 그러려다가도 제가 눈만 한 번 부릅뜨면 바로 꼬리를 내렸고요."

소현이 어머니는 '모름지기 아이란 아무리 화나는 일이 있어도 자기감정을 드러내지 않고 항상 부모에게 예의 바른 모습을 보여야 한다.'라는 슈드비를 하나 더 가지고 있는 듯했습니다.

소현이 어머니는 딸에 대한 태도를 쉽게 바꾸지 못했습니다. 소현이는 그 후에도 억울하고 화난 감정을 어머니에게 제대로 표현하지 못했습니다. 안타깝게도 중 3이 된 소현이는 1학기를 마무리할 즈음에는 학원 친구들에게 따돌림을 당했습니다. 이번에도 소현이는 자신에게 부당하게 대하는 아이들에게 아무런 표현을 하지 못했습니다. 그렇게 꾹꾹 눌러 왔던 감정 폭탄은 또다시 엉뚱한 곳에서 터지고 말았습니다.

그즈음 우연히 카페에서 소현이 어머니를 만났습니다. 어머니는 하소연하며 소현이의 소식을 전했습니다. 저는 예전에 했던 말을 다시 상기시켜 주었습니다.

"어머니, 제가 재작년에 소현이가 어머니에게 모든 감정을 솔직하고 거침없이 표현할 수 있어야 한다고 말씀드렸잖아요. 지금 그렇게 하고 있으신가요?"

어머니는 풀 죽은 표정으로 여전히 소현이가 화나거나 억울한 감정을 자신에게 표현하지 못한다고 대답했습니다. 저는 그 점이 개선되지 않으면 소현이가 반복해서 곤욕을 치를 수 있다고 냉정하게 얘기했습니다.

자기감정과 있는 그대로 만나기

『당신으로 충분하다』는 4명의 여성들이 정혜신 정신분석의와 6주 동안 진행한 집단 상담을 기록한 책입니다. 집단 상담 참가자 중 한 사람인 해인에게는 어렸을 때 돌아가신 어머니의 역할을 대신해 준 언니가 있었습니다. 언니는 집에 들어오면 회사에서 겪었던 온갖 힘든 일들을 오랫동안 쏟아 놓았고, 해인은 언니의 넋두리와 한탄을 들어 주어야 했습니다.

정혜신은 "해인의 언니는 동생과 대화를 한 것이 아니라 언어적 배설을 한 것이다."라고 냉정하게 분석합니다. 나만 있고 너가 없는 대화는 무늬만 대화일 뿐 소통이 끊어진 상태입니다. 그런 대화는 아무런 의미도 없고 누구에게도 도움이 되지 않습니다.

정혜신은 "만약 해인이 언니 얘기를 듣다가 화를 내기 시작한다면 그때부터 진짜 대화가 시작된다."라고 말합니다. 해인이 언니의 부당함에 화를 내지 못한 채 참고 있는 단계에서는 언니만 있고 동생은 없는 관계이기 때문입니다. 해인이 화를 내기 시작한다면 둘 사이에 비로소 해인의 '나'가 등장하는 것이고, 그 지점부터 대화의 기본 조건이 갖추어지는 것입니다. 해인은 자신이 화를 내면 언니가 분노하거나 대화가 단절될 거라는 두려움을 느꼈습니다. 정혜신은 "사실은 그때부터 대화가 시작되는 것이다."라고 해인에게 분명히 알려 줍니다.

해인과 언니의 관계, 소현이와 어머니의 관계는 쌍둥이처럼 닮아 있습니다. 소현이도 화가 나면 어머니에게 거침없이 표현하는 단계를 반드시 거쳐야 했습니다.

소현이 어머니와 상담했던 며칠 뒤 카페에서 책을 읽고 있는데 소현이가 혼자서 카페에 왔습니다. 엄마 심부름을 왔다는 소현이를 앉힌 뒤 잠시 이야기를 나누었습니다.

"네가 엄마한테 부당하다고 느꼈던 감정을 솔직하게 표현하지 못해 왔기 때문에 친구들에게도 그러지 못하는 거야."

소현이의 표정에 약간 변화가 생겼습니다.

"네가 엄마한테 화를 낼 수 있어야 돼. 물론 힘들 거야. 하지만 화가 나는 걸 숨기지 말고 다 얘기할 수 있어야 돼. 그렇게 되면 친구들한테도 '나한테 그런 짓을 하지 마.'라고 얘기할 수 있게 될 거야. 그럼 너를 함부로 대하지 않게 될 거고."

고개를 끄덕이던 소현이의 얼굴에는 새로운 통찰과 굳은 의지가 담겨 있었습니다. 소현이는 여장부 같은 외모를 가지고 있었습니다. 소현이가 눈을 부릅뜨고 강하게 말한다면 기죽지 않을 친구는 드물 것입니다.

일 년 뒤, 길에서 고 1이 된 소현이와 마주쳤습니다. 남자 친구와 다정하게 수다를 떨고 있었지요. 반갑게 인사를 하고 잠시 대화를 나눈 뒤, 소현이는 남자 친구의 손을 잡고 갔습니다. 그 모습을 보며 소현이가 자신의 감정을 표현하게 됐다는 것을 짐작할 수 있었습니다. 당당하고 행복한 표정에서 그것을 알 수 있었습니다.

정혜신은 치유에 대해 이렇게 말합니다.

"치유란, 맺히고 억울한 감정을 가진 사람이 자기감정을 내놓고 이해받고 공감받는 '과정' 그 자체다."

그렇게 감정을 충분히 표현하는 과정이 없으면 치유는 일어나지 않습니다. 자기 삶의 가장 절박한 문제에 대해 자기감정의 바닥까지 '있는 그대로' 느낄 수 있어야 하기 때문입니다. 또 그런 감정을 느끼는 자신을 '있는 그대로' 만날 수 있어야 합니다. 그래서 결국 자신의 아팠던 경험과 감정을 안쓰러움으로 어루만져 주어야 온전히 치유가 이루어집니다.

소현이는 그 힘든 과정을 감내하며 감정의 밑바닥까지 내려가는 길을 마다하지 않았습니다. 그리고 '있는 그대로'의 자기 모습과 대면했을 때 자신을 그대로 받아들였습니다.

정혜신은 환자가 무언가를 해야 한다는 생각을 내려놓고 '내가 노력할 것이 별로 없구나. 나 자체로도 괜찮구나.'라는 인식을 하게 될 때 비로소 치유에 이른다고 말합니다. 어머니한테 화를 낼 줄 알고, 거리낌 없이 남자 친구도 사귀게 된 소현이의 모습이 그러했습니다. 저는 건강하게 치유된 소현이의 뒷모습을 보면서 소현이 어머니가 슈드비를 내려놓고 자유로워졌으리라고 예상할 수 있었습니다.

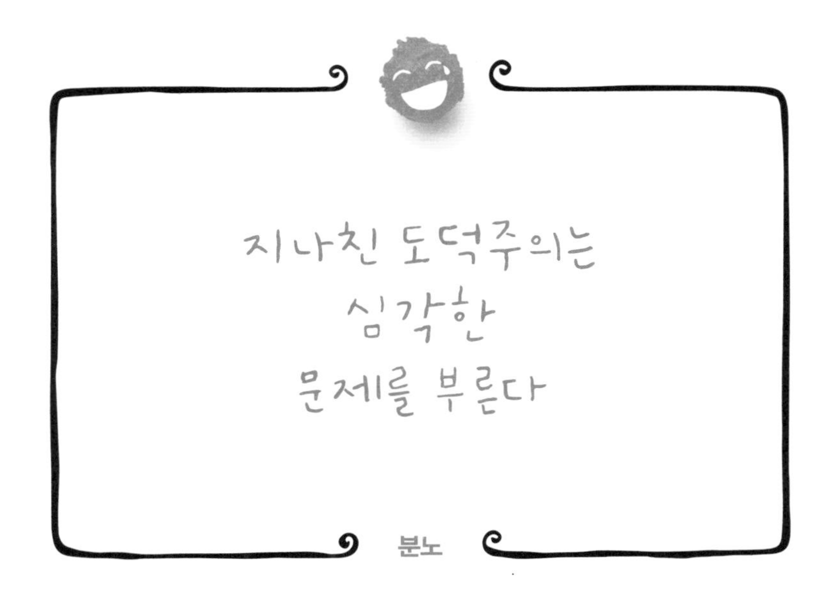

지나친 도덕주의는 심각한 문제를 부른다

분노

학교 폭력 책임 교사로서 가장 힘쓰는 일은 학폭위까지 가지 않고 화해 조정에 이르게 하는 것입니다. 화해에 가장 걸림돌이 되는 변수는 아이와의 동일시가 강한 부모를 만나느냐 아니냐에 달려 있습니다. 여기서 아이와의 동일시란, 아이라는 '존재'와의 동일시가 아니라 아이의 '행동'과의 동일시를 말합니다. 이 유형의 부모들은 아이의 잘못을 자신의 과오로 동일시하는 경향이 강합니다.

그렇다면 아이와의 동일시가 강한 부모들은 도덕심이 유독 강한 사람들일까요? 그렇지 않습니다. 아이를 상품처럼 대하는 부모에 더 가깝습니다. 그들은 어떤 하자도 없는 상품을 만들어 내는 제품 생산자처럼 아이가 아무런 문제없이 자라기를 원합니다. 그런 부모들은 자기 아이가 다른 아이에게 폭력을 행사하거나, 폭력을 당하는 존재가 되었다는 사실을 좀처럼 받아들이지 못합니다. 자신이 만든 제품에 하자가 있어서는 안 된다고 믿는 생산자처럼 아이가 잘못된 행동을 할 수 있다는 사실을 용납하지 않기 때문입니다.

지나친 도덕주의가 부르는 병

동우는 중학교에 입학하자마자 성폭력적인 문자를 보낸 사건으로 학폭위에 신고되었습니다. 초등학생 때부터 동우는 여학생들에게 야한 얘기를 자주 하고 섹드립을 일삼았다고 했습니다. 초등학교 담임 선생님께 혼나고 다시는 그러지 않겠다고 약속한 뒤에도 동우의 행동은 좀처럼 고쳐지지 않았습니다. 피해 여학생이 그런 문자를 보내지 말라고 해도, 계속 페이스북 메신저로 'ㅅㅅ 해 봤냐?'라거나 콘돔에 관한 문자 등을 보냈습니다.

중학교 입학 일주일 전, 동우는 같은 반이었던 채연이에게 음란애니 사진과 피임약 사진 등을 보냈습니다. 정신적 충격을 크게 받은 채연이는 중학교에 올라오자마자 위클래스에서 상담을 받았고, 상담 선생님의 권유로 생활부에 신고를 했습니다.

동우는 입학한 지 5일 만에 생활부로 불려 왔습니다. 채연이의 휴대폰에 저장된 사진들을 보여 주자, 동우는 순순히 사실을 인정했습니다. 희멀끔하게 잘생긴 얼굴이었지만 눈빛은 흐리멍덩했습니다.

"동우야, 왜 그런 문자를 보냈어?"

동우가 천진한 얼굴로 대답했습니다.

"채연이가 그렇게 힘들어할 줄 모르고 그랬어요."

동우가 사태를 제대로 파악하지 못하고 있는 것처럼 보였습니다. 어리벙벙한 동우의 표정을 보니 '이 아이가 학폭위 신고에 제대로 대처할 수 있을까?' 하는 의문이 들었습니다.

그날 방과 후에 동우 어머니가 생활부로 찾아왔습니다. 동우 어머니는 아들이 보냈다는 음란 사진을 본 후부터 얼이 빠진 듯 보였고, 언뜻 혐오의 눈빛도 보였습니다.

동우 어머니는 피해 학생 부모님에게 어떻게 사과해야 할지 모르겠다며 난색을 표했지만 동시에 남 일처럼 난감해하는 모습이 역력했습니다. 저는 조심스럽게 조언했습니다.

"채연이 부모님에게 동우의 상담 치료를 약속해야 어느 정도 진정성이 전달될 것 같습니다."

다음 날에는 채연이 부모님이 생활부로 찾아왔습니다. 부모님에게 전해 들은 채연이의 심리 상태는 매우 위험한 수준이었습니다. 채연이는 초등학교 때 담임 선생님에게 신고하면 동우의 성폭력적인 문자가 중단될 거라고 믿었습니다. 그런데 중단되기는커녕 중학교에 올라와서까지 문자가 계속되자 공포감이 극심해졌습니다. 2주 전 채연이가 상담을 받게 해 달라고 했던 이유가 동우가 보낸 문자들 때문이라는 것을 뒤늦게 알게 된 부모님의 충격 또한 말못지않았습니다.

채연이 어머니는 전날 동우 어머니와 동우를 만나고 왔습니다. 하지만 동우의 성폭력적 행동이 중단될 거라는 확신이 없어서 불가피하게 학폭위를 요청할 수밖에 없다고 했습니다.

"지금 채연이는 동우와 마주치기만 해도 몸이 떨릴 정도로 공포감을 느끼는 상태예요."

어머니의 말을 들어 보니, 학폭위 진행을 미룰 수 없다는 판단이 들었습니다.

상담 선생님이 저에게 동우가 어머니와 극심한 불화 상태에 있다는 사실을 알려 주었습니다. 그제야 동우가 보냈다는 음란 사진을 본 후 어머니가 남 일처럼 반응한 이유를 알 것 같았습니다. 상담 선생님은 도덕주의자인 어머니가 동우의 성폭력적인 행동을 용납하지 못하는 것 같다고 했습니다. 동우는 평소 어머니의 통제로 숨 쉬기가 힘들 정도로 압박감을 느껴 온 듯했습니다. 상담 선생님이 어두워진 표정으로 말했습니다.

"동우가 지금은 아예 어머니에게 마음의 문을 닫아 버린 상태로 보여요."

부모의 지나친 도덕주의는 아이를 상품처럼 여기는 제품 생산자 마인드와 다르지 않습니다. 그런 부모 밑에서 자라는 아이는 곧 끊어져 버릴 듯한 바이올린 현처럼 팽팽한 긴장감 속에서 하루하루를 살아가게 됩니다. 극심한 긴장감 속에서 사는 아이는 동우처럼 사춘기가 되면서 사고를 칠 가능성이 높습니다. 그런데 사실은 '사고'가 아니라 '병'이 난 것입니다. 오랫동안 숨죽이며 아파 오다가 결국 병에 걸린 것이라고 봐야 맞습니다.

거짓으로 포장된 삶이 주는 고통

『진실이 치유한다』의 저자 데보라 킹은 차크라(산스크리트어로 '바퀴', '순환'이라는 뜻으로, 인체의 여러 곳에 존재하는 정신적 힘의 중심을 이르는 말)

를 통한 치료법으로 세계적인 명성을 얻고 있는 치유사입니다. 그녀는 내담자의 일곱 개 차크라(뿌리, 천골, 태양신경총, 가슴, 목, 제3의 눈, 정수리) 중 막혀 있는 차크라를 발견하게 해서 그동안 억눌러 왔거나 외면해 왔던 진실과 직면하게 합니다. 이때 드러난 진실이 내담자를 치유하는 기적을 낳습니다. 데보라 킹이 놀라운 치유사가 된 과정은 그야말로 처절한 고통의 연속이었습니다.

명문 법조인 가문에서 태어난 데보라의 유년 시절은 순탄치 못했습니다. 어린 데보라는 도저히 감당할 수 없는 극악한 현실 속에서 살았습니다. 변호사인 아버지는 자상했지만 변태 성욕자였습니다. 어린 딸을 지속적으로 성추행하던 아버지는 아홉 살짜리 딸을 성폭행했고, 몇 년 동안 끔찍한 범죄를 저질렀습니다. 데보라의 어린 영혼은 파괴될 수밖에 없었습니다.

더욱 가혹했던 것은 어머니였습니다. 냉정하고 차가웠던 어머니는 그런 사실을 알고도 모른 체했고, 심지어 어린 딸이 남편을 유혹했다며 증오하기까지 했습니다.

데보라 킹은 "우리 가정은 '완벽한' 가정이었다."라고 말합니다. 풀을 먹이고, 다림질을 하고, 반짝반짝할 때까지 광택을 내는 가정이었습니다. 하지만 데보라의 삶에는 진실이 숨 쉴 수 있는 공간이 하나도 없었습니다.

데보라는 "거짓으로 살면 미치게 된다."라고 말합니다. 그녀는 어린 시절부터 자신이 느끼는 것과 다르게 느끼는 척하면서 살아야 했습니다. 그렇게 분열된 상태로 진실을 덮은 채 살아가는 동안 다양한 질병이 찾아왔습니다. 대여섯 살에는 만성 편도선염으로, 일곱 살에는 이빨을 가는 습관으로, 아홉 살에는 나무에서 떨어지는 사고로, 열두세 살에는 소화 기관과 여성 생식 기관의 파괴가 일어났습니다. 고통을 말로 표현할 수 없었던 그녀의 몸은 다른 방식으로 표현할 수밖에 없는 전쟁터가 되어 있었습니다.

그녀의 봉인된 진실은 사춘기 이후에 성적 문란, 조울증, 알코올과 약물 남용, 심장 부정맥, 소화 이상이 되어 거짓된 삶을 뒤흔들었습니다. 급기야 암 진단까지 받은 그녀의 삶은 바닥으로 곤두박질쳤습니다. 그런데 동시에 그 바닥은 치고 올라갈 수 있는 기회를 주었습니다.

몇 년 후 데보라가 어머니에게 성폭행에 대해 고백했을 때 이런 대답이 돌아왔습니다.

"우리 집에서는 그런 말을 하지 않는다."

데보라는 어린 시절 자신에 대한 어머니의 관심이 모래 폭풍 같았다고 고백합니다. 어머니의 시선은 메마르고 타는 듯한 것이었습니다. 일곱 살이 되었을 때 데보라는 가슴 주위에 강철로 된 방패를 만들어야 했습니다. 얼음처럼 차가운 어머니의 눈빛으로부터 자신을 보호하기 위해서였습니다. 데보라는 서른 살이 넘어서야 어머니가 정말로 자신에게 관심이 없었다는 사실을 받아들였습니다. 오랜 세월 동안 엄청난 양의 내면 작업을 거친 후에야 그 진실을 받아들일 수 있었지요.

그 뒤 다른 여성들에게 마음을 열게 되어 참된 우정의 관계를 맺게 되면서 어머니를 이해하게 됩니다. 어머니가 딸을 사랑할 능력이 없었기 때문에 자신에게 사랑을 주지 못했다는 사실을 깨달은 것이지요. 데보라의 어머니는 자신의 여성적인 부분을 사랑하지 못해서 딸에게도 사랑을 줄 수 없었습니다.

수년 동안 아버지에게 성폭행당해 온 데보라는 명문가 법조인 집안에서는 있어서는 안 되는 딸이었습니다. 여학생들에게 음란 사진과 섹드립 문자를 보냈던 동우도 시민 단체 대표 집안에는 있어서는 안 되는 자식이었을 것입니다. 동우 부모님은 초등학교 때부터 이미 그 사실을 알고 있었습니다. 하지만 아버지의 명예에 흠이 될까 봐 쉬쉬하며 덮어 왔던 것입니다.

데보라 킹은 "사고는 사고가 아니다."라고 말합니다. 자동차 사고나 운동 부상, 발이 걸려 넘어지거나 질병에 걸리는 경우까지 이 모든 사고는 자기 자신에게 주의를 기울이라는 메시지라고 합니다.

'지금 당신의 의식이 몸 안에 있지 않다.'라는 신호이고, '다른 무언가가 의식의 초점을 빼앗아 갔다.'라는 신호라는 것이지요.

동우의 성폭력 사고는 가족에게 어떤 메시지를 보내고 있었던 걸까요? 사랑과 보살핌의 결핍으로 지독하게 고통받고 있다는 외침이었을 것입니다. 부모 중 한 사람이라도 동우의 SOS에 응답해 주는 일이 가장 시급했습니다.

쉽고도 어려운 진심 어린 사과

하루 뒤, 이번에는 동우의 부모님이 생활부로 찾아왔습니다. 아버지는 동우의 전학이 피해 학생에게 가장 필요한 일이라고 했습니다. 다만, 학폭위를 열지 않고 갈 수 있다면 좋겠다는 뜻을 내비쳤습니다. 동우 아버지는 시민 단체 대표답게 합리적인 식견을 갖고 있는 듯 보였습니다.

동우 아버지의 뜻을 전해 들은 채연이 어머니의 반응은 호의적이지 않았습니다.

"죄를 저질러 놓고 그렇게 도망가면 안 되지요. 죄에 대한 대가를 받아야 하는 거 아닌가요?"

채연이 어머니는 분통을 터뜨렸지만, 동우 부모님이 사과하는 자리에는 나오겠다고 했습니다.

이틀 뒤, 방과 후에 생활부 상담실에서 두 가족이 마주 앉았습니다.

먼저 동우에게 말했습니다.

"동우야, 왜 채연이에게 그런 문자와 사진을 보냈는지 얘기해 보렴."

동우가 잠시 눈을 멀뚱거리다가 입을 열었습니다.

"그런 사진을 보내도 괜찮은 줄 알았어요. 지금은 많이 미안해요."

동우의 말에 채연이네 가족의 얼굴이 딱딱하게 굳었습니다. 동우가 보냈던 음란 애니 사진을 내밀며 제가 말했습니다.

"동우가 이런 사진을 보낸 거 맞지?"

동우가 멍한 표정으로 고개를 주억거렸습니다.

"이런 사진들을 받았을 때 상대방이 얼마나 상처를 받을지 그때는 몰랐을 수 있어. 하지만 이제는 알아야 해."

뻣뻣하게 굳은 표정의 채연이에게 물었습니다.

"이번엔 채연이가 동우에게 문자와 사진을 받았을 때 어땠는지 말해 줄래?"

"처음엔 '나한테 왜 이런 걸 보냈지?' 하는 생각이 들었어요. 그런데 이유를 알 수 없었어요. 그리고 너무 무서웠어요."

채연이는 이 자리를 가까스로 버티고 있는 것 같았습니다. 이어서 채연이 어머니에게 이 일을 알게 됐을 때 어떤 느낌이었는지 물었습니다.

한동안 말문을 열지 못하던 어머니가 고개를 숙이고 있던 동우를 보며 말했습니다.

"채연이가 받은 사진들을 보고 저는 눈앞이 캄캄했습니다. 어떻게 딸을 지켜 줘야 할지 아무 생각도 나지 않았어요. 그리고 채연이가 동우한테 한 번도 제대로 된 사과를 받지 못했다고 하더라고요."

채연이 어머니의 눈에 눈물이 그렁거렸습니다. 잠시 말이 끊긴 틈을 타서 동우에게 말했습니다.

"동우, 채연이 어머니의 얼굴을 보면서 말씀을 잘 들으세요."

저는 몸서리치는 채연이 어머니의 모습을 동우가 보는 게 중요하다고 생각했습니다. 동우가 입을 헤벌리고 채연이 어머니를 쳐다보았습니다.

"채연이는 피 흘리는 상처를 입고 있는데 엄마로서 아무것도 해 줄 수 없었어요. 그게 너무 힘들더라고요."

채연이 아버지에게도 말할 기회를 주었습니다. 동우의 천연덕

스러운 얼굴을 안쓰럽게 쳐다보던 채연이 아버지가 말했습니다.

"동우 학생은 아무 생각 없이 사진들을 보냈다고 하지만, 그걸 받은 제 딸은 얼마나 무서워했는지 모릅니다. 아빠로서 딸이 그런 사진들을 봤다는 게 어떤 일보다 힘들었고요."

동우는 여전히 멍한 얼굴이었습니다.

"동우 학생, 지금 채연이와 채연이 부모님이 얼마나 고통을 받았는지 잘 들었죠? 이제 채연이한테 제대로 사과하세요."

동우가 쥐어짜 내듯 안간힘을 다해 말을 토해 냈습니다.

"내가 생각 없이 보낸 문자들로 힘들게 해서 미안해."

"동우야, 채연이를 보고 사과해야지. 그렇게 형식적으로 사과해서는 안 돼. 채연이가 얼마나 힘들었는지, 얼마나 아팠는지 공감을 해야 하고."

"그게……. 내가……."

저는 말을 잇지 못하는 동우를 격려했습니다.

"동우야, 천천히 말해도 괜찮아. 솔직하게 말하면 돼."

동우의 뇌는 혼돈에 빠져 제대로 작동되지 않는 듯했습니다.

"그럼, 잠시 후에 다시 사과하도록 하자. 하지만 오늘 꼭 제대로 사과를 하고 가야 해."

동우에게 잠시 시간을 준 뒤, 동우 아버지에게 느낀 걸 얘기해 달라고 했습니다.

“이십 대인 아들한테 물어봤습니다. 네가 낳은 딸이 이런 일을 당했다면 어떨 것 같냐고요. 큰아들이 그런 일은 있을 수 없는 일이고, 만약 그런 일이 생긴다면 분노를 참을 수 없을 거라고 하더군요. 동우가 한 행동은 어떤 벌로도 씻을 수 없는 일이라는 걸 잘 알고 있습니다.”

자식의 과오를 사죄하는 동우 아버지의 표정과 목소리에는 진심이 담겨 있었습니다. 동우 아버지는 채연이를 위해서 동우를 다른 구로 전학을 보내겠다고 했습니다. 학폭위를 열지 않고 가게 된다면 내일이라도 전학 수속을 밟을 것이며, 학폭위를 열게 된다면 벌을 다 받고 난 뒤에 전학을 가겠다고 했습니다.

동우 어머니에게는 솔직히 말할 기회를 주고 싶지 않았습니다. 동우 어머니가 예기치 못한 말실수를 해서 채연이네 가족들에게 더 큰 상처를 줄 것 같아서였지요. 걱정은 되었지만 기회를 줄 수밖에 없었습니다. 아니나 다를까, 동우 어머니는 생뚱맞은 이야기를 했습니다.

“저는 이 일을 통해서 채연 학생에게 고마운 생각이 들어요. 동우가 우리와는 거의 소통을 하지 않는 편이거든요. 잘못된 방법이긴 했지만 채연 학생에게는 자기 마음을 열어 보였던 거라고 생각해요. 채연 학생에게 너무 미안하고 진심으로 사죄해요. 감사한 마음이 있다는 걸 알아줬으면 좋겠어요."

채연이네 가족의 표정이 싸늘하게 굳었습니다. 제가 동우에게 물었습니다.

"동우는 채연이가 수치심을 느낄 거라고 생각했어?"

동우가 고개를 갸웃거리며 아니라고 대답했습니다.

"지난주에 선생님이 강당에서 생활 안내하면서 수치심에 대해서 말했었지? 수치심은 죽음에 가장 가까운 의식이라고."

채연이가 고개를 끄덕이며 동우를 쳐다보았습니다.

"수치심에서 벗어나지 못할 때 사람은 극단적인 선택을 하게 돼. 자, 이제 동우가 제대로 사과해 주길 바란다."

"네……."

죽을힘을 다해서 사과할 말을 떠올리고 있는 동우에게 말했습니다.

"최동우, 지금 인생에서 중요한 공부를 하고 있는 거야. 다른 사람의 아픔에 공감하는 것. 솔직하게 느껴지는 대로 얘기해 주면 돼."

"채연이가 죽음을 생각할 만큼 괴로운데 제가 몰랐어요……."

동우가 울 것 같은 얼굴로 말을 이어 갔습니다.

"제가 너무 잘못했고 채연이한테 정말 미안해요. 채연이 부모님한테도 죄송하고요. 그리고 부모님한테도 미안해요."

동우의 얼굴에서 처음으로 격정의 감정이 떠오른 게 보였습니다. 어느 정도 채연이가 바라던 대로 진심 어린 사과가 이루어진 것 같았습니다.

동우 아버지가 정중하게 사죄의 말을 하면서 선처를 부탁했습니다.

"내일 동우의 사과 편지와 반성문을 보고 학폭위를 열지 말지 채연이와 의논해 보도록 하겠습니다."

채연이 부모님은 그 말을 남긴 뒤 생활부를 떠났습니다.

채연이네 가족을 배웅한 뒤 상담실로 들어간 저는 깜짝 놀랐습니다. 동우가 아버지 옆에서 펑펑 울고 있었기 때문입니다. 아버지가 고개 숙여 사과하는 모습을 보고 엄청난 충격을 받은 것 같았습니다.

재발 방지 서약서에 서명을 하고 나서 동우 아버지가 근심 어린 표정으로 물었습니다.

"동우에게 편지와 반성문을 진심으로 쓰게 해서 내일 보내겠습니다만, 저쪽에서 그걸 보고 학폭위를 취소해 줄까요?"

"그동안의 경험에 따르면, 이만큼 대화가 이루어졌을 때는 피해

학생 쪽에서 대부분 학폭위를 열지 않겠다고 하셨습니다."

동우네 가족은 근심을 가득 안은 얼굴로 생활부를 나섰습니다.

다음 날 채연이 어머니로부터 당장 전학 가는 조건으로 학폭위를 취하하겠다는 연락이 왔습니다.

철저한 도덕주의자인 어머니와의 삶은 어린 동우의 영혼을 팽팽하게 조여 왔을 것입니다. 성폭력 사건은 그 숨막힘과 옥죄임 속에서 동우의 영혼이 바이올린의 현처럼 툭 끊어진 것이었다고 볼 수 있습니다.

동우는 중학교에 입학한 지 채 열흘도 되지 않아서 다른 학교로 전학을 가고 말았습니다. 어머니가 매일 차로 등하교시켜 주기로 했다는 소식을 듣고, 모자의 불안한 동거가 무척이나 걱정되었습니다.

분노를 표현하지 못하는 고통

『어설픔』의 저자인 한의사 이기웅은 "병을 앓게 된 것은 더 느슨하고 더 어설프게 살라는 몸의 메시지다."라고 말합니다. 동우의 성폭력 사고는 가족에게 분명한 메시지를 보낸 것입니다. 특히 어머니에게 조금 더 느슨해져 보라는, 어설픈 엄마가 되어 보라는 신호를 보낸 것이지요.

이기웅은 “차라리 당신이 아프기를 바란다.”라고 말합니다. 병이 나서 아프게 되면 쉬게 되거나, 병나게 만든 상황과 결별하는 기회가 만들어지기도 합니다.

가족 치료 전문가들은 “가족이 의사소통에 서툴고 미숙한 태도를 가지고 있으면 가족 구성원의 분노가 쌓여 가게 된다.”라고 말합니다. 자신의 감정을 지나치게 억압하고 표출하지 못하기 때문이지요. 여기서 중요한 것은 분노를 일으키는 상황 자체보다 그것을 표현하지 못하는 데서 더 큰 문제가 생긴다는 사실입니다. 고통보다 더 고통스러운 것은 그 고통을 표현하지 못하는 상황입니다.

데보라의 어머니는 아버지에게 성폭행당한 딸에게 “우리 집에서는 그런 말은 하지 않는다.”라고 말함으로써 데보라가 상처와 분노를 표현하지 못하게 했습니다. 이처럼 감정을 표현하는 것조차 허락하지 않는 것은 욕구 자체를 허용하지 않겠다는 뜻입니다. 욕구와 분노를 표출하지 못한 채 내면에 쌓이게 되면, 그 분노가 부패되고 변질되어 원한으로 변합니다. 원한은 분노보다 훨씬 더 위험한 감정입니다. 분노는 사랑과 관심, 이해를 원하는 감정이지만 원한은 파괴를 원하는 감정이기 때문입니다.

아픔은 진실로 고마운 것입니다. 집 안에 덧씌워져 있던 가족의 거짓된 환상을 일깨워 주는 신호가 되기 때문입니다. 아픔은 거짓 환상을 깨트려 줌으로써 가족의 진실이 깨어나게 합니다. 동우 아버지가 아들을 다른 지역으로 전학 가게 한 선택은 완벽한 가족이라는 거짓에서 깨어난 결과로 보였습니다. 거짓 환상 속에서 사랑과 보살핌이 결핍되었던 아들의 곪은 환부를 도려내고 수술을 했다고 볼 수 있습니다. 부모의 지나친 도덕적 시선보다 더 아이를 옥죄는 폭력도 없다는 것을 유념하시기 바랍니다.

아마도 전학 간 학교에서 동우는 여학생들에게 그런 행동을 하지 않았을 것입니다. 그날 상담실에서 아버지의 사랑을 느끼고 펑펑 울었던 동우의 눈물을 떠올려 보면 같은 잘못을 반복하지 않을 거라는 확신이 듭니다.

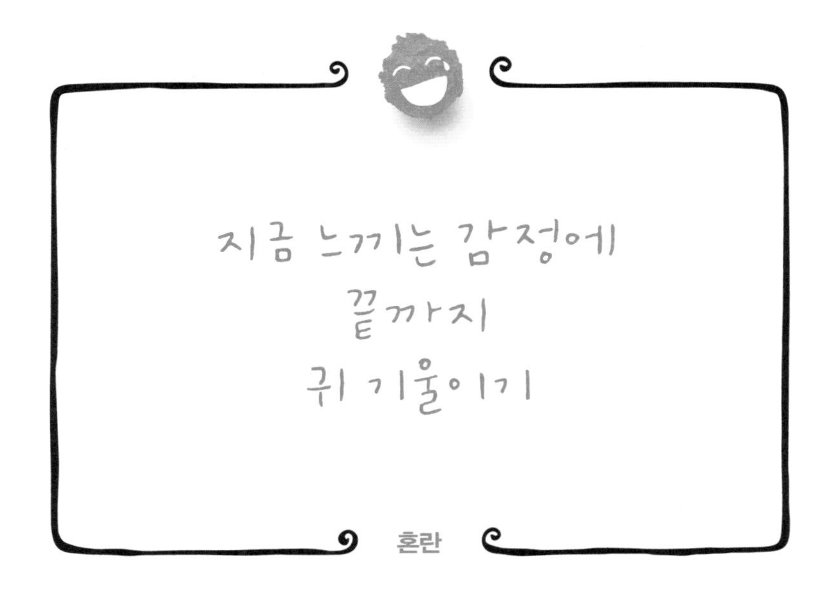

『미움받을 용기』는 정신의학자 알프레드 아들러의 개인 심리학을 다루고 있는 책입니다. 아들러는 "인간은 누구나 인생의 과제를 가지고 있는데, 그것은 바로 '인간관계'이다."라고 말합니다. 인간은 사회적 관계를 맺으며 살 수밖에 없기에 고민의 대부분은 인간관계에서 비롯된다는 것이 그의 주장입니다.

학교 폭력의 피해자가 되는 것도, 가해자가 되는 것도 인간관계라는 과제에 제대로 대처하지 못한 결과라고 볼 수 있습니다. 하지만 분명한 것은 그것이 인간관계의 실패를 의미하는 것은 아닙니다. 인간관계에서 실패는 없습니다. 인간관계란 죽을 때까지 배워 나가고 이루어 나가는 과제이자 여정이기 때문입니다.

아들러는 우리가 인간관계라는 과제를 극복하고 행복해지기 위해서는 타인의 기대나 사회적 고정 관념으로부터 자유로워질 수 있는 용기가 필요하다고 말합니다. 타인에게 미움받는 것을 두려워하지 않는 용기가 있어야만 진정으로 자유롭고 행복한 삶을 살 수 있다는 것이지요. 모든 삶의 이치가 그러하듯 이 또한 역설입니다.

학교로부터 아이가 학교 폭력의 피해자나 가해자가 되었다는 연락을 받게 되면 부모님들은 크게 당황합니다. '내 아이가 이런 일을 당하다니…….' 또는 '내 아이가 그런 일을 저지르다니…….'라는 생각과 함께 수치심이나 죄책감이 몰려올 것입니다. 그런 부정적인 감정에 사로잡히게 되면 학교 폭력 사건에 유연하게 대처하기가 힘들어집니다.

수치심과 죄책감은 타인에게 미움받는 것을 두려워하는 마음에서 비롯되는 감정입니다. 우리 마음은 두려움이 클수록 미궁과 혼란 속으로 쉽게 빠져들어 가는 습성을 갖고 있습니다. 그렇다면 아이가 위기에 처했을 때 부모는 어떻게 대처해 나가야 할까요?

아이의 감정에 공감해 주기

아들러는 인간관계로 고통받을 때 '이것은 누구의 과제인가?'라는 질문을 떠올리라고 말합니다. 타인의 과제인지, 나의 과제인지를 아는 것이 중요하다는 것이지요. 나의 과제라는 걸 깨달았다면 적극적으로 바꿔 나가면 됩니다. 타인의 과제라는 게 분명하다면 지체 없이 그 과제를 내버려야 합니다. 타인의 기대는 타인의 과제이기 때문에 연연해할 필요가 전혀 없습니다. 다만 이 원칙을 분명히 지키는 게 중요합니다.

"누구도 내 과제에 끼어들게 하지 말고, 나도 타인의 과제에 끼어들지 않는다."

아이가 인간관계로 위기에 처했을 때 부모의 마음은 무너집니다. 하지만 이때 부모가 가져야 할 자세는 냉정하게 과제를 분리하는 것입니다.

아들러는 "아이가 인간관계의 어려움으로 고통을 느낄 때에 부모가 '아이의 감정'에 대해서 책임감을 느껴서는 안 된다."라고 말합니다. 아이의 감정은 아이의 과제이기 때문입니다. 아이의 감정은 아이의 내면에서 저절로 생성되는 것임을 이해하는 것이 중요합니다. 그 과제를 부모가 대신 짊어지려는 것은 아이의 감정을 부모

뜻대로 조종하려는 의도가 깔려 있는 행위입니다. 이는 명백히 아이의 과제에 끼어드는 행위이므로 문제가 될 수 있습니다.

그렇다면 아이의 감정을 나 몰라라 하라는 말일까요? 단연코 그렇지 않습니다. 학교 폭력에 연루된 아이를 위해 부모가 가장 먼저 해야 할 과제는 아이의 현재 감정에 집중하여 공감해 주는 일입니다. 이것은 아이의 감정에 책임감을 느끼는 것과는 다릅니다. 아이의 감정에 책임감을 느끼는 부모는 당장 문제를 해결해 주려고 애를 쓰게 됩니다. 그러다 보면 정작 아이의 감정에 공감해 주는 일에 소홀해집니다. 그러는 동안 아이는 감정적 혼란 속에서 고통을 당할 수밖에 없습니다.

학교 폭력 사건은 부모가 조급하게 문제를 해결하려고 할수록 꼬여 버립니다. 모든 일이 그렇듯 조급하게 해결하려 하면 낭패를 겪게 되므로 천천히 단계를 밟아 가야 합니다. 일방적으로 내 아이의 말만 옹호하고 내 아이의 감정만 내세우면 상대방 부모와 감정적으로 충돌하게 됩니다. 그렇게 어른들의 감정싸움으로 번지면 화해는 물 건너가게 됩니다.

생활 부장을 한 경험에 따르면, 학교 폭력 사건이 화해 조정으로 마무리되는 열쇠는 가해 아이의 부모가 상대방 아이의 감정을 공감하고 수용해 주는 것에 있었습니다. 그런데 아이러니한 점은 내 아이의 감정에 집중하고 공감하지 않은 상태에서는 상대방 아이의 감정에 공감하는 일도 가능하지 않다는 것입니다.

'내 아이가 지금 무슨 감정을 느끼고 있는지', '왜 상대방 아이와 갈등을 겪게 됐는지' 아이에게 자세히 묻고 충분히 들어 주는 과정이 필요합니다. 찬찬히 아이 자체를 들여다보는 일이 먼저입니다. 그것이 바로 아이가 위기에 처했을 때 부모가 힘써야 할 최우선 과제입니다. 그런데 아이가 학교 폭력에 연루되었을 때 이 과제를 제대로 수행하는 부모는 그리 많지 않습니다.

어느 날, 한 어머니가 초등학생 아들이 친구를 때렸다는 연락을 받았습니다. 담임 선생님이 개입해 어느 정도 중재가 되었다는 말을 듣고 난 어머니가 아이에게 말했습니다.

"어떻게 되었든지 간에 먼저 폭력을 쓴 건 잘못이야. 그걸 알았으니까 된 거야. 다음에는 그러지 말자."

이 어머니는 부모의 과제를 제대로 수행했을까요? 아닙니다. 엄마의 말을 듣고 난 아이가 서럽게 울면서 이렇게 말했습니다.

"엄마는 그러면 안 되잖아. 내가 왜 그랬는지 물어봐야지. 선생님도 혼내기만 해서 내가 얼마나 속상했는데! 엄마는 나를 위로해 줘야지. 그 애가 먼저 나한테 시비를 걸었어. 내가 얼마나 참다가 때린 건데……. 엄마까지 내가 잘못했다고 하면 안 되지."

저는 이 아이의 말을 학교 폭력에 연루된 자녀를 둔 모든 부모에게 꼭 들려주고 싶습니다. 부모의 과제에 대해 정곡을 찌르는 말이기 때문입니다.

'네가 느끼는 감정은 잘못된 게 아니야.'

수진이는 3학년 초에 전학 온 아이였습니다. 이미 다른 학교 두 곳에서 적응하는 데 실패하고 전학을 왔지요. 수진이는 밴드부에도 들고, 친구도 사귀려고 노력하는 등 적극적으로 새 학교에 적응하려고 애썼습니다.

그랬던 수진이가 2학기가 시작되자마자 학업 중단 숙려제를 선택했다는 소식을 들었습니다. 복도에서 마주칠 때마다 환한 웃음으로 밝은 에너지를 전해 주던 아이여서 더 안타까운 마음이 들었습니다.

수진이가 아이들 입에 오르내리기 시작한 것은 2학기 기말고사 즈음 미술 수행 평가 때문이었습니다. 학업 중단 숙려제 중인 학생의 점수도 수행 평가 점수표에 나오게 됩니다. 수진이의 점수가 높은 것을 본 은영이와 미현이가 흥분해서 큰 소리로 떠들었습니다.

“수진이는 학교도 안 나오는데 미술 점수가 왜 저렇게 높아?”

“걔 강전당했다며?”

“걔네 아빠가 교장이잖아. 교장 백 쓴 거 아냐?”

아이들끼리 충분히 할 법한 뒷담화였습니다. 그런데 수진이와 친했던 정아가 그 말들을 수진이에게 카톡으로 옮긴 게 화근이 되었습니다.

카톡 내용은 수진이가 그동안 억눌러 왔던 울분을 폭발하게 만들었습니다. 수진이는 ‘강전’ ‘교장 백’ 운운하며 모함한 일, 이전에 자신을 따돌린 일까지 합쳐서 은영이와 미현이를 학폭위에 신고하겠다고 마음먹었습니다. 그날 퇴근 무렵, 수진이 어머니가 교감 선생님에게 전화를 하여 딸의 뜻을 전했습니다. 강전과 교장 백 운운한 것을 진심으로 사과하지 않으면 집단 따돌림으로 학폭위에 신고하겠다는 내용이었습니다.

방과 후에 담임 선생님이 은영이와 미현이를 불러 어떻게 된 일인지 자초지종을 물어보았습니다. 은영이와 미현이는 완강하게 따돌림을 부인했습니다. 미현이는 혼자였던 수진이에게 친구가 되어준 자신에게 어떻게 이럴 수 있냐고 울분을 토했습니다. 은영이는 자신도 수진이에게 괴롭힘을 당했다며 학폭위에 맞신고를 하겠다고 했습니다.

다음 날, 담임 선생님이 수진이에 대해 뒷담화했던 여학생 열 명을 불러 모았습니다. 그날 누가 무슨 말을 했는지 정확히 밝혀 내기 위해서였지요.

확인 결과, 은영이는 누군가 "개 강전당했다며?"라는 말을 듣고 오히려 "아닐걸?"이라고 말한 것으로 밝혀졌습니다. 교장 백 쓴 거 아니냐는 말도 미현이가 한 것이 아니었습니다.

그날 저녁, 담임 선생님이 전화로 좋은 소식을 전해 왔습니다.

"부장님, 수진이 사건 잘 마무리되었어요. 수진이 어머니가 여러 명이 함께 이야기했던 거라는 말을 듣고 '그럼 다시는 이런 일이 없도록 해 달라.'라고 하셨어요. 학폭위는 안 열어도 될 거 같아요."

"다행이네요. 선생님도 고생 많으셨어요."

그런데 전화를 끊은 지 두 시간 만에 수진이 담임 선생님에게 다시 전화가 왔습니다. 수진이 어머니가 학폭위를 열어 달라고 요청했다는 것이었습니다. 수진이가 어머니에게 "내가 괜찮지 않은데 왜 엄마가 괜찮다고 그랬느냐."라며 은영이와 미현이를 꼭 학교폭력으로 처벌해 달라고 했다는 것이었지요.

수진이 어머니도 앞서 말한 초등학생 어머니와 똑같은 실수를 저지른 것입니다. 하지만 수진이 어머니는 바로 과오를 바로잡고 부모의 과제에 집중했습니다. 수진이가 지금 느끼고 있는 감정에 끝까지 귀 기울여 준 것이지요. 이 과정에서 수진이 어머니는 딸에게 이렇게 메시지를 보냈습니다.

'네가 지금 느끼고 있는 감정은 잘못된 게 아니야.'

피해자와 가해자의 서로 다른 팩트 이해시키기

중학교 교사였던 수진이 어머니는 정아가 카톡으로 보냈던 뒷담화가 중학생들 사이에서 흔히 할 수 있는 뒷담화라는 걸 알았을 것입니다. 그래서 담임 선생님에게 "정아가 불확실하게 얘기를 전달했다."라는 말을 들었을 때 학폭위까지 가지 않아도 되겠다고 생각한 것이지요. 하지만 그것은 어머니의 감정이었습니다. 어머니의 감정은 그걸로 괜찮았지만, 수진이의 감정은 괜찮지 않았습니다.

이런 경우, 부모가 해야 할 역할은 아이에게 괜찮지 않은 점을 구체적으로 묻고 귀 기울여 주는 일입니다. 그리고 아이가 지금 느끼고 있는 감정에 집중해 주어야 합니다. '왜 이런 일이 일어났는지' 원인을 찾는 일도 아니고, '이 문제를 해결하려면 어떻게 해야 하는지' 해법을 찾는 것도 아닙니다. 두 가지는 그다음의 일입니다.

수진이 어머니는 딸의 혼란스러운 감정 속으로 들어가 딸의 핵심 욕구를 파악하고자 했습니다. 아이의 눈으로 보고 아이의 귀로 듣고 아이의 마음으로 느끼고자 했습니다. '괜찮지 않은 게 맞다.'라는 마음으로 말이지요. 이런 탐색이 바로 부모의 과제입니다.

딸과 오랜 시간 동안 대화를 나눈 어머니는 수진이가 세 가지를 원한다는 걸 알게 되었습니다.

1. 누가, 왜 학업 숙려제 중이었던 나를 험담했는지 알고 싶다.
2. 왜 1학기 말과 2학기 초에 은영이와 미현이가 나를 따돌렸는지 듣고 싶다.
3. 은영이와 미현이에게 나를 험담하고 따돌린 일에 대해 진심 어린 사과를 받고 싶다.

인간은 '왜'를 알고 싶어 하는 존재입니다. 학교 폭력의 피해자가 된 아이가 자신이 왜 괴롭힘을 당한 건지 알고 싶어 하는 건 당연합니다. 마찬가지로 학교 폭력의 가해자가 된 아이도 '왜 내가 가해자로 신고를 받은 건지' 알고 싶어 합니다.

인간은 사건을 자신의 관점에서 바라보고 자신에게 유리하게 해석하는 데 특출한 능력을 갖고 있습니다. 사건 해결의 열쇠는 바로 여기에 있습니다. 학교 폭력의 화해 조정은 피해자와 가해자의 서로 다른 팩트를 일치시키는 작업에 그 성패가 달려 있다고 해도 과언이 아닙니다.

수진이 어머니는 딸의 팩트와 다른 아이들의 팩트가 얼마나 일치하는지 확인하는 일부터 시작했습니다. 다음 날 어머니는 학교로 찾아와 은영이와 미현이 어머니를 만났습니다. 그 자리에 저도 참석했습니다. 한 시간이 넘도록 대화가 이어졌음에도 팩트의 거리를 좁히는 일이 불가능했습니다. 그저 내 아이가 한 말과 다른 아이가 한 말이 차이가 난다는 걸 확인하는 시간일 뿐이었습니다. 내 아이의 말만 믿고 싶은 엄마 마음의 한계가 분명한 대화였습니다. 하지만 성과도 있었습니다. 수진이를 만나 사과하고 싶다고 미현이가 사과 편지를 썼고, 그것을 어머니를 통해 수진이에게 전해 주었지요.

이틀 뒤, 생활부 상담실에서 수진이와 미현이가 만났습니다. 세 달 만에 만난 두 아이는 밝은 표정으로 인사를 나누었습니다. 두 아이의 대화는 물 흐르듯 순조롭게 이어졌습니다.

"미현아, 네 편지를 받고 솔직히 감동받았어. 속상했던 감정이 다 풀린 것 같아. 앞으로는 친구로 잘 지내고 싶어."

수진이의 말에 미현이는 눈물을 글썽거리며 일주일 동안 많이 울었다고 말했습니다. 미현이의 구구절절한 편지를 읽은 수진이는 자신의 감정이 미현이에게 온전히 받아들여졌다고 느낀 듯했습니다. 충분히 얘기를 나눈 뒤 미현이와 수진이는 몇 번이나 손을 흔들며 아쉬움 속에서 작별을 했습니다.

수진이는 미현이와 화해하면서 '아! 이렇게 마음속에 있던 감정을 솔직하게 털어놓고 나니까 많이 편해지는구나!'라고 느낀 것 같았습니다. 이 일은 은영이에게도 긍정적인 영향을 주었습니다. 미현이가 수진이와 원만하게 화해했다는 소식을 들은 은영이가 '나도 얘기를 잘 풀어 갈 수 있겠구나.'라고 느꼈던 것이지요.

이틀 뒤에 수진이와 은영이가 만나 긴 대화를 나누었습니다. 둘의 기억에는 생각보다 많은 차이가 있었습니다. 둘 사이에서 저는 집요할 정도로 자세한 대화를 이끌어 내 기억의 오류를 조율해 나가는 작업을 했습니다. 대화를 시작한 지 30여 분이 지나서야 은영이가 '수진이가 자퇴했다.'라고 소문을 퍼뜨렸다는 건에 대해서 어느 정도 오해가 풀렸습니다.

하지만 더 큰 산이 하나 남아 있었습니다. 3월 초에 수진이가 밴드부 오디션에 참가하려던 것을 은영이가 막았던 일에 대한 것이었습니다. 은영이가 수진이에게 그때의 상황을 속사포처럼 설명했습니다.

"밴드부 부장 유라가 지금은 성격이 많이 좋아졌지만 3월 초에는 굉장히 까칠했어. '재랑 엮이면 수진이한테 안 좋을 텐데…….' 라는 생각이 들어서 밴드부 오디션 보는 거 다시 생각해 보라고 했던 거야."

은영이가 호소하는 듯한 목소리로 말을 이었습니다.

"그때 내가 너를 많이 좋아했지만, 꼭 나하고만 친해야 한다고 생각한 건 아니었어. 난 그런 성격이 아니야. 유라가 그때 굉장히 예민하던 시기여서 나쁘게 엮일까 봐 걱정했던 거야. 좋은 일이면 내가 왜 말렸겠어."

그 말이 설득력이 있었는지 듣고 있던 수진이가 수긍하는 표정을 지었습니다. 한 시간이 훌쩍 넘은 시간 동안 속내를 털어놓는 대화가 이어졌습니다. 서로 오해했던 일과 각자 잘못했던 일을 사과하는 것으로 대화가 마무리되었습니다.

은영이의 얼굴에는 아쉬움과 후회의 감정이 보였지만 한편으로는 홀가분해 보였습니다. 수진이도 그동안 쌓여 있었던 감정을 홀가분하게 털어놓은 표정이었습니다.

생활부실로 들어갔더니 두 어머니가 기다리고 있었습니다. 부모님들도 대화가 잘됐는지 환한 얼굴로 딸들을 맞이했습니다. 은영이 어머니가 아이들에게 물었습니다.

"어떻게 얘기는 잘 되었니?"

아이들을 대신해 제가 대답했습니다.

“수진이에게 집에 가서 생각해 본 후 내일 얘기해 달라고 했어요.”

수진이 어머니가 미소를 지으며 말했습니다.

“아니요, 선생님. 그냥 오늘 마무리 짓지요?”

“그럴까요?”

수진이에게 제가 조심스럽게 물었습니다.

“수진아, 그래도 괜찮겠니?”

잠시 망설이던 수진이가 싱긋 웃으며 대답했습니다.

“네.”

“그래, 서로 화해하고 앞으로 잘 지내는 걸로. 그렇지?”

수진이가 고개를 끄덕이며 환하게 웃었습니다. 아이들보다 어머니들이 더 기뻐했습니다. 은영이 어머니가 딸을 수진이 쪽으로 밀며 말했습니다.

“자, 친구 좀 한번 안아 줘.”

얼떨결에 수진이에게 안기며 은영이가 말했습니다.

“나, 이런 거 못하는데…….”

수진이도 어색하게 웃었습니다.

“자, 어머니들도 한번 안으셔야죠.”

내 제안에 어머니들도 서로 따뜻하게 안아 주었습니다. 그동안 딸들보다 더 마음고생했을 어머니들의 마음이 고스란히 묻어나 마음이 짠했습니다.

'지금, 여기'에 스포트라이트 비추기

아들러는 과제 앞에서 망설이는 아이에게 충고하거나 판단하는 말을 하는 대신 수평 관계에서 용기를 북돋워 주라고 말합니다. 아이가 과제 앞에서 망설이는 이유는 능력이 없어서라기보다는 과제에 맞설 용기를 잃은 것이기 때문입니다. 수진이 어머니는 딸을 지지해 주고 용기를 북돋워 줌으로써 수진이가 자신의 과제를 직면하도록 도왔습니다. 수진이의 과제는 은영이, 미현이와 대화하는 일이었지요. 수진이는 자신의 과제를 훌륭히 완수함으로써 어머니의 격려에 멋지게 보답했습니다.

아들러는 이렇게 단언합니다.

"지금까지의 인생에 무슨 일이 있었든지 앞으로의 인생에는 아무런 영향도 없다. 인간은 누구나 이 순간부터 행복해질 수 있다."

인생을 결정하는 것은 '지금, 여기'를 사는 나 자신이기 때문입니다.

또 아들러는 극장 무대에 서 있는 자신에게 스포트라이트가 쏟아지는 모습을 상상해 보라고 권합니다. 강렬한 스포트라이트가 비춰지면 오직 나만 보일 뿐, 뒷줄은 물론이고 바로 앞줄조차 보이지 않습니다. 그는 우리 인생도 마찬가지라고 말합니다. 인생 전체에 흐릿한 빛을 비추면 과거와 미래가 함께 보입니다. 그러면 과거에 대한 후회나 미래에 대한 두려움이 불쑥불쑥 떠오르게 되면서 현재를 놓치게 됩니다. 무대 주인공에게 스포트라이트를 비추듯이 지금, 여기에 강렬한 스포트라이트를 비추면 과거도 미래도 보이지 않게 됩니다. 아들러는 과거에 어떤 일이 있었든지 간에 지금, 여기와는 아무런 상관이 없고, 미래가 어떻게 되든 간에 지금, 여기에서 생각할 문제는 아니라고 말합니다.

아이에게 학교 폭력 사건이 발생했을 때 문제의 원인에 집중하는 것은 과거에 스포트라이트를 비추는 행위와 같습니다. 또한, 학교 폭력 사건을 다급하게 해결하려는 것은 미래에 스포트라이트를 비추는 행위와 같습니다. '내 아이가 지금 무엇을 느끼고 있는지', '아이의 마음속 어디가 괜찮지 않은지' 구석구석 비춰 보고 자세히 살펴보는 일이 바로 '현재'에 스포트라이트를 비추는 일입니다.

아이는 피해자가 될 수도 있고 가해자가 될 수도 있습니다. 그럴 때 부모는 아이의 지금, 여기에 스포트라이트를 비추며 온 마음을 다해 집중해 주십시오. '너의 괜찮지 않은 감정이 사실은 정상인 거다.'라고 지지를 보내면서 말이지요. 그런 지지와 조명을 받은 아이는 수진이의 경우처럼 자신의 과제에 직면할 용기를 얻어 그것을 거뜬히 처리해 나갈 것입니다.

'있는 그대로'의 모습을 받아들이기

반항

하와이 카우아이섬 사람들을 대상으로 40여 년간 종단 연구를 했던 이야기가 『회복 탄력성』에 나옵니다. 가난한 카우아이섬 사람들의 삶은 매우 열악했습니다. 많은 아이들이 미혼모나 미혼부, 조손 가정 등에서 자랐습니다. 그런데 그토록 불우한 환경에서 자란 아이들 가운데 3분의 1은 평범한 가정에서 자란 아이들 못지않게 어엿한 성인으로 성장했습니다.

연구자들이 그들에게서 회복 탄력성이 높은 사람들의 공통된 특징을 발견했는데, 그것은 아이를 끝까지 신뢰해 주고 지지해 준

'한 사람'이 있었다는 점이었습니다. 그 한 사람은 부모 중 하나이기도 했고, 삼촌이나 이모, 조부모 중 하나이기도 했습니다.

『나는 가해자의 엄마입니다』는 아들에게 '한 사람'이 돼 주지 못했던 어머니의 가슴 아픈 참회록입니다. 이 책의 저자 수 클리볼드는 콜럼바인 총기 난사 사건의 범인 중 한 명인 딜런의 어머니입니다. 에릭과 딜런은 1999년 4월 20일, 미국 콜럼바인 고등학교에서 총기를 난사해 13명을 죽였고 24명에게 부상을 입혔습니다. 그러고 나서 둘은 스스로 목숨을 끊었습니다. 이 사건은 전례 없는 학교 폭력 참사로 기록되었습니다.

수 클리볼드는 대학에서 장애인 학생들을 가르치는 교사였고, 지극히 평범한 어머니 중 한 명이었습니다. 아들의 죽음 후 수 클리볼드는 죽음보다 더 극심한 고통을 겪었습니다. 그 과정에서 두 가지 질문이 머릿속에서 떠나지 않았습니다.

'딜런은 왜 그랬을까?'

'엄마로서 나는 아들의 위태로운 상태를 왜 몰랐을까?'

딜런은 초등학교 때 영재 교육을 받았을 정도로 두뇌가 명석했고, 무슨 일이든지 완벽하게 해내려는 성향을 가진 아이였습니다.

부모에게 투사된 아들의 이미지는 '제 할 일을 알아서 할 줄 아는 완벽한 아이'였습니다. 부모의 눈에 딜런은 잘 크는 아이였고 행복한 아이였습니다. 그랬던 아이가 어떻게 수십 명을 죽이는 참사를 일으켰던 것일까요?

'무슨 일이 있는지 말해 주렴.'

딜런은 자의식이 강한 아이였습니다. 그는 고등학교에서 자의식이 찢기는 상처를 당하면서도 부모에게 도움을 요청하지 않았습니다. 딜런은 어려서부터 망신당하는 일을 지나치게 두려워했습니다. 자신의 실패에 가혹했으며 사람들 앞에서 바보스럽게 보이는 것을 극도로 싫어했습니다.

부모에게는 잘 크는 아이로 보였지만, 딜런의 학교생활은 감당하기 버거운 지옥이었습니다. 나중에 발견된 그의 일기에는 이번 생은 실패라는 자학과 자살에 대한 글들로 가득했습니다. 딜런은 에릭과 함께 가죽 롱코트를 입고 다니면서 소위 잘 나가는 아이들처럼 행세했습니다. 그 일로 운동부 그룹에 찍혀 괴롭힘의 대상이 되었습니다. 딜런의 내면에 잠재된 우울과 외부에서 가해진 모욕이 충돌해 극단적인 참사로 이어졌던 것 같습니다.

딜런의 부모는 아이에게 헌신적이었고 사랑을 많이 주었지만 딜런의 내재된 아픔에는 잠들어 있었습니다. 딜런은 운동부 아이들에게 호모라는 놀림을 일상적으로 당하면서 마음이 갈가리 찢기고 있었습니다. 누구보다 강했던 자의식에 씻을 수 없는 내상을 입었던 것입니다. 딜런에게 그것은 씻을 수 없는 오명이었습니다. 자의식은 딜런에게 일종의 종교와 같았습니다. 그는 자신의 종교를 조롱하고 모욕한 원수들에게 거룩한 복수를 하고자 했을 것입니다. 참사 당일 집을 나섰던 딜런은 자살 폭탄 테러범들처럼 성전(聖戰)을 하러 떠난 것이었지요.

총기 난사 사건이 일어나기 한 달 전 어느 날, 딜런은 소파에 앉아 허공을 우두커니 응시하고 있었습니다. 엄마가 다가가 "요새 왜 이렇게 조용하니? 괜찮니?"라고 물었습니다. 딜런은 "그냥 피곤하고 숙제가 많아요. 방에 올라가서 숙제하고 일찍 자야겠어요."라고 말한 뒤 자기 방으로 올라가 버렸습니다.

수 클리볼드는 그 순간을 셀 수 없이 회상하게 됩니다. 딜런에게 뭔가 문제가 있다는 걸 알았지만 그때는 그게 생사가 걸린 문제라고는 상상하지 못했습니다. 그녀는 상상 속에서 수백 번도 넘게 딜런에게 묻고 달래고 구슬리고 매달렸다고 합니다. '무슨 일이 있는지 말해 줘. 기분이 어떤지 말해 줘. 뭐가 필요한지 말해 줘. 엄마가 어떻게 도울 수 있는지 말해 줘.'라고 말하며 수는 딜런의 방에

떡 버티고 서 있었습니다. 그리고 딜런이 속 이야기를 할 때까지 방에서 나가지 않겠다고 말합니다. 그런 공상들은 언제나 딜런을 자신의 품에 안고, 딜런에게 필요한 도움을 주게 되면서 끝이 났다고 합니다. 이 대목을 읽을 때, 수의 가슴이 피로 멍들어 있음을 느낄 수 있었습니다.

딜런은 총기 참사 사흘 전이었던 토요일에 졸업 댄스파티에 참가했습니다. 다음 날 새벽에 딜런이 귀가했을 때 수는 자다가 일어나 파티가 어땠는지 물어보았습니다. 딜런은 춤도 추고 아주 재미있었다며 입장권을 사 줘서 고맙다고 했습니다. 수는 '우리 작은 아들은 뭐든 잘하는 것 같다. 둘째를 참 잘 키웠다.'라고 생각하며 방으로 돌아갔다고 합니다. 머릿속으로 대량 살상을 생각하고 있던 딜런이 어떻게 그렇게 태연할 수 있었는지, 어떻게 완벽하게 부모를 속일 수 있었는지 그녀는 도무지 이해할 수 없었습니다.

콜럼바인 참사 연구자 중 한 명인 피터 랭먼 박사는 딜런이 회피성 인격 장애를 겪고 있었을 거라고 추측합니다. 딜런처럼 자의식이 강한 경우, 사춘기에 증폭되는 스트레스 요인들을 잘 극복하지 못하면 분열형 인격 장애로 진행될 수 있다고 했습니다.

드웨인 퓨질리어 박사는 수에게 이렇게 말했습니다.

"에릭이 사람을 죽이러 학교에 갔고 그러다 자기가 죽어도 상관

없다고 생각한 반면, 딜런은 자신이 죽으러 학교에 갔고 그러다 다른 사람이 같이 죽어도 상관없다고 생각한 것 같습니다."

참사 당일 새벽, 평소 어머니가 깨워야 일어나던 딜런이 부모의 침실 앞을 지나갔습니다. 수는 딜런이 나가기 전에 얼굴을 보려고 방문을 열었습니다. 어두컴컴한 집 안에서 현관문이 열리는 소리가 들렸습니다. 어머니가 어둠 속에서 "딜런?" 하고 불렀고, 아들은 "안녕."이라는 한마디를 남긴 채 떠났습니다. 그리고 그게 마지막이었습니다.

수는 자신이 잘 가르치는 부모였다고 회상합니다. 그런데 아픈 기억으로 남는 다툼이 하나 있었습니다. 딜런이 열여섯 살 때 어머니날을 잊었습니다. 수는 자신을 존중하지 않는 무례한 태도라고 여겼고 극도로 화를 내며 딜런을 냉장고로 밀치고 어깨를 손으로 꽉 눌러 움직이지 못하게 붙든 채 한바탕 잔소리를 퍼부었습니다. 그렇게 삐딱하게 이기적으로 굴지 말라고 혼을 냈고, "네 짐은 네가 져야 한다."라고 가르쳤습니다. 수는 "화가 나서 참을 수 있을지 모르겠다."라는 딜런의 말을 들은 후에야 겨우 손을 풀었다고 합니다.

그날 수는 아들이 길에서 벗어났다고 느껴서 심하게 나무랐습니다. 하지만 지금은 그때 아들의 손을 잡아 주며 '이리 와서 같이 앉아 이야기하자. 무슨 일이 있는지 말해 주렴.'이라고 말하지 못한 것을 뼈아프게 후회한다고 말합니다. 딜런의 잘못을 낱낱이 읊으며 무엇에 대해 감사해야 하는지를 일러 주는 대신, 딜런의 이야기에 귀 기울이고 고통을 인정해 주었어야 한다고 뉘우칩니다. 만약 그때로 돌아갈 수 있다면, 수는 이렇게 말할 거라고 합니다.

"네가 달라졌어. 그래서 겁이 나는구나."

수는 그때 그랬어야 했는데 그러지 못한 것을 많이 후회했습니다.

아이의 반항도 감정 표현이다

수 클리볼드의 책은 아들의 때늦은 사춘기적 반항을 대하는 저의 태도를 크게 변화시켜 주었습니다. 아들 한이는 대학교 1학년 때 어머니와 사이가 가장 안 좋았습니다. 스무 살이나 된 녀석의 반항은 점점 도를 넘어가 갈등의 정점에 이르렀습니다.

8월 초, 더위가 절정에 이른 어느 날 저녁, 아내와 한이는 한 차례 전쟁을 벌였습니다. 늘 그랬듯이 다툼은 아주 사소한 것으로 시작되었습니다. 한이가 거실에서 자전거 타기 운동을 한 뒤 머리를 감고 나왔을 때, 아내가 어이없다는 말투로 말했습니다.

"한아, 운동한 녀석이 머리만 감고 나오면 어떡해? 샤워를 하고 나와야지. 넌 덥지도 않냐? 다시 샤워하고 나와!"

안방에서 노트북을 들여다보고 있던 내 귀에 아들의 퉁명스러운 목소리가 들려왔습니다.

"난 하나도 안 더운데? 샤워 안 할래."

녀석은 그 말을 남긴 뒤 자기 방으로 들어가 버렸습니다. 화가 난 아내가 아들을 향해 소리를 질렀습니다.

"아니, 덥다 덥다 하는 놈이 그렇게 땀 흘리면서 샤워를 안 하겠다는 게 말이 돼? 덥다고 말을 하지 말던가!"

아들의 볼멘소리가 이어졌습니다.

"이거 땀이 아니라 지금 씻어서 물이 묻은 거라고요!"

"너 정말 씻는 거 가지고 맨날 어깃장 놓을래? 한두 살 먹은 어린애도 아니고, 너 지금 뭐 하는 거야?"

"내가 언제 맨날 그랬는데요? 왜 엄마는 무슨 일마다 맨날이라고 그러시는데요?"

"이 자식이 또 말꼬리 잡고 늘어지는 거 봐. 나 참 기가 막혀서."

"엄마도 항상 다그치면서 말하시잖아요. 좋게 말하시지!"

비난과 반격을 주고받는 모자의 대화는 전형적인 폭력 대화였습니다. 아내가 속 터지는 가슴을 꾹 누르는 듯한 목소리로 아들에게 말했습니다.

"알았어. 좋게 말할게. 가서 샤워하고 와라~아."

곧이어 샤워하러 들어가는 아들의 발소리가 들렸습니다. 모자지간의 다툼은 그렇게 일단락되는 듯했습니다.

잠시 뒤에 다음 날 아침밥을 짓기 위해 쌀을 씻으러 주방으로 나가자, 정수기에서 물을 받던 아내가 제게 물었습니다.

"남자들은 왜 그래? 왜 꼭 화를 버럭버럭 내야 말을 듣냐고?"

저는 쌀뜨물을 버리던 동작을 멈추고 아내를 향해 찡긋 웃기만 했습니다.

어느새 샤워를 하고 나온 아들이 부루퉁한 얼굴로 냉장고에서 얼음물을 꺼내고 있었습니다. 아내가 아들을 쏘아보며 말했습니다.

"한이! 너는 왜 엄마가 하는 말에 꼭 말꼬리를 잡고 따지는 거야? 엄마 정말 기분 나쁘다."

아내는 아들에게 비난을 퍼부으며 다시 가르치려 들었습니다. 아내의 말에는 아들에 대한 공감이 하나도 없었습니다. 그러자 한이도 자신을 방어하며 엄마에게 반격을 가했습니다.

"제가 언제 말꼬리를 잡았다고 그러세요? 엄마가 먼저 맨날이라고 하시니까 그런 거지."

저는 이쯤에서 두 사람을 진정시켜야 했습니다.

"잠깐! 지금 두 사람 대화하는 방식에 약간 문제가 있어. 소통 전문가들이 그러는데, 사람들은 대화 내용 때문에 싸우는 게 아니라 대화하는 방식 때문에 싸우는 거래. 비난, 방어, 회피, 경멸 이 네 가지를 사용하기 때문이지. 자, 두 사람, 지금부터 그런 건 사용하지 말고 대화하세요."

그러나 이미 감정이 격해진 두 사람에게 제 말은 먹혀들지 않았고, 서로를 향한 비난, 방어, 경멸의 대화가 이어졌습니다.

"네가 좀 전에도 맨날이라는 말로 트집 잡았잖아? 그랬어, 안 그랬어?"

그때 한이의 입에서 그동안 한 번도 들어 보지 못했던 말이 튀어나왔습니다.

"네, 네. 이 집에서 살려면 내가 참아야죠."

아들의 말에 저도 적지 않은 충격을 받았습니다. 아내가 아들을 노려보며 말했습니다.

"너, 그 말이 지금 얼마나 기분 나쁜 줄 알아? 이 집에서 살려면 뭐가 어쩌고 어째?"

"네, 기분 나쁘라고 한 말이에요."

저도 더 이상 참을 수 없었습니다. 그래서 버럭 소리를 질렀습니다.

"너, 이 자식! 그게 엄마한테 무슨 말버릇이야!"

몇 년 만에 아버지한테 큰소리를 들은 한이는 어지간히 놀란 듯했습니다. 그래서 정신을 번쩍 차린 표정으로 얼굴을 붉혔습니다. 한이의 말에는 분명 경멸이 담겨 있었습니다. 대화 속에 경멸이 담겼다는 건 대화가 건잡을 수 없는 방향으로 치닫고 있다는 의미였습니다. 저는 아들의 말을 듣고 느낀 감정을 솔직하게 표현했습니다.

"엄마한테 정말 너무한 거 아니니?"

한이는 곧 머리를 숙이며 용서를 빌었습니다.

"네, 죄송해요."

자신이 지나쳤음을 깨달은 표정이었습니다. 아들에게 식탁 의자를 가리키며 앉으라는 손짓을 했습니다.

세 사람이 식탁에 둘러 앉아 대화를 나눴습니다. 저는 아들과 아내 사이에서 비폭력 소통법으로 중재 작업을 힘겹게 진행했습니다. 서로가 느낀 감정을 충분히 표현하게 했고, 상대방에게 바라는 것도 솔직하게 털어놓게 했습니다. 한 시간이 넘는 지난한 작업 뒤에야 두 사람의 감정은 어느 정도 누그러졌습니다. 그럼에도 여전히 껄끄러운 감정을 지닌 채 아내와 아들은 각자의 방으로 돌아갔습니다.

『나는 가해자의 엄마입니다』를 읽고 난 후 저는 아들의 그런 모습이 무례하거나 건방지다고 생각하지 않게 되었습니다. 오히려 고맙다고 생각하게 되었지요.

'아, 우리 아들은 딜런처럼 분노를 숨기지 않고 거침없이 말할 줄 아는구나. 거칠게라도 감정을 표현해 주는 것이 참 고맙다.'

잘 가르치는 것보다 잘 공감해 주기

2014년, 우리나라에는 세월호 참사가 있었습니다. 세월호 유가족들을 돕는 치유 공동체 '이웃'을 이끌고 있는 정혜신은 "유가족들은 아이를 잃기 전의 '일상'으로 다시는 돌아갈 수 없다."라고 말했습니다. 일상을 잃어버린 그들은 친지, 동료, 친구들과 더 이상 이전과 같은 대화를 할 수 없다고 합니다. 마치 다른 언어로 대화를 하는 사람들처럼 서로 해독이 불가능한 이야기를 주고받다가 완벽한 타인으로 멀어지게 되는 것이지요.

정혜신이 유가족들을 위해 가장 공들이는 치유 작업은 집밥을 정성껏 차려 드리는 일입니다. 아이를 잃고 난 후 부모들은 자신을 위해서 요리를 하지 않기 때문에 인스턴트 음식으로 대충 때우거나 길거리 음식을 사 먹습니다. 그런 부모들에게 정성이 가득 담긴 집밥만큼 힘이 되고 위안이 되는 것도 없을 듯합니다. '이웃'은 아이의 생일상 차리기 등 예전의 일상을 경험하는 작업을 통해 유가족들에게 잃어버린 일상을 복원시켜 주기 위해 부단히 애쓰고 있습니다.

유가족들이 아이를 잃어버리기 전의 일상은 어떤 모습이었을까요? 웃기도 하고 싸우기도 하는 우리네와 별반 다르지 않은 일상이었을 것입니다. 아들은 엄마의 말꼬리를 잡으며 어깃장을 놓고, 엄마는 호통을 치며 아들을 다그치는 풍경이었을 것입니다.

그렇습니다. "이 집에서 살려면 내가 참아야죠."라고 말하는 아들과 악에 받쳐 싸우는 엄마가 있는 우리 가족의 풍경은 유가족들이 그토록 되찾고 싶어 하는 그 일상이었던 것입니다.

콜럼바인 총기 난사 사건과 세월호 참사는 아이를 대하는 저의 태도를 백팔십도 바꿔 주었습니다. 자의식 속에 분노나 원망의 감정을 꽁꽁 숨겨 놓지 않고 툴툴거릴 줄도 알고, 때로 자기표현을 거침없이 하기도 하는 아들이 대견스러워 보이기까지 합니다. 아직은 건재한 우리 가족의 일상을 보여 주고 있기 때문이지요.

『나는 가해자의 엄마입니다』는 부모가 아이를 위해 할 수 있는 가장 현명한 일이 '있는 그대로' 아이를 받아들여 주는 것임을 깨닫게 해 줍니다. 아이를 잘 가르치는 것보다 잘 공감해 주는 것이 더 소중한 일이라고, 오늘도 저는 되뇝니다.

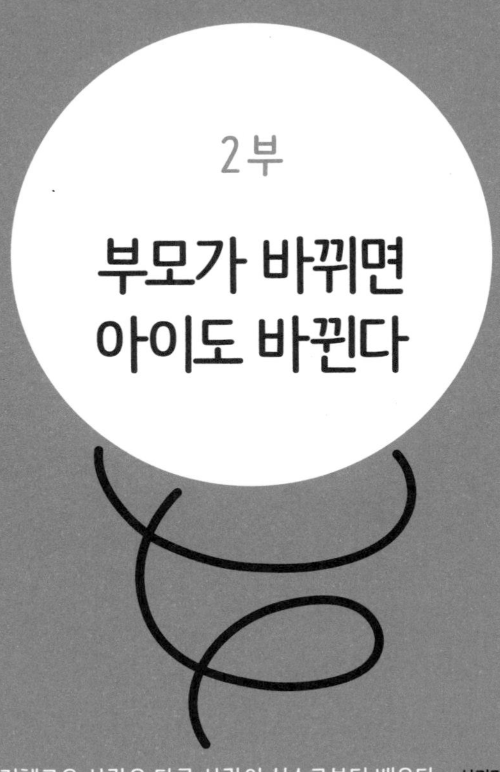

2부

부모가 바뀌면 아이도 바뀐다

지혜로운 사람은 다른 사람의 실수로부터 배운다 _ 신뢰감

서먹한 관계를 친밀함으로 바꾸는 방법 _ 친밀감

아이에 대한 불만의 방향을 거꾸로 돌리는 방법 _ 솔직함

고통은 그 의미를 찾는 순간 더 이상 고통이 아니다 _ 의미 찾기

특별한 삶보다 보통의 삶이 행복하다 _ 만족감

부부의 건강한 소통이 아이의 행복을 좌우한다 _ 화해

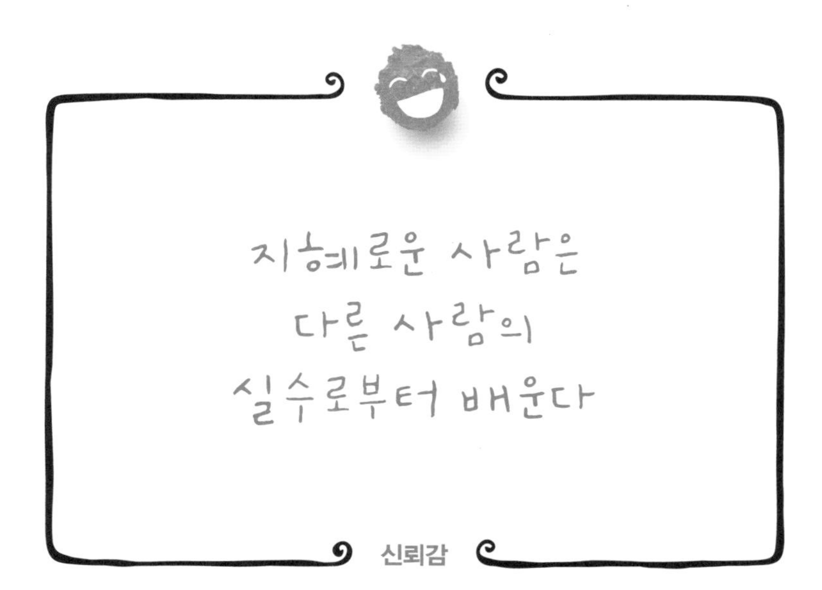

지혜로운 사람은 다른 사람의 실수로부터 배운다

신뢰감

『미움받을 용기』에서 아들러는 "인생 최대의 불행은 자기 자신을 좋아하지 않는 것이다."라고 말했습니다. 또 "아이가 자기 자신을 좋아하는 사람으로 자라기 위해서는 부모의 조건 없는 사랑과 신뢰가 필요하다."라고 했습니다. 누구라도 내릴 수 있는 당연한 처방으로 보입니다. 그런데 이 처방을 듣고 이런 의문을 제기하는 부모도 있습니다.

"아이를 조건 없이 사랑하고 믿어 주다 보면 아이에게 속거나 이용당할 때도 있는데, 도대체 어느 선까지 그렇게 해야 하는 거죠?"

이 질문에 아들러는 이렇게 되묻습니다.

“당신이 배신을 해도 무조건 믿어 주는 사람이 있다. 무슨 짓을 해도 신뢰해 주는 사람이 있다. 그런 사람을 당신은 몇 번이나 배신할 수 있겠는가?”

『미셸 오바마』에는 아들러의 말처럼 자녀를 사랑하고 믿어 준 부모가 나옵니다. 바로 미국의 영부인이었던 미셸 오바마의 부모가 그들입니다.

미셸 오바마는 남편 버락 오바마가 대통령으로 재임하던 시기에 대통령보다 더 높은 지지율을 얻었습니다. 버락 오바마가 8년간의 임기를 마치고 퇴임한 후에도 미셸에 대한 국민의 지지는 식을 줄 몰랐습니다. 무엇이 미셸 오바마를 ‘훌륭한’이라는 찬사가 꼭 들어맞는 사람으로 성장시켰을까요?

부모도 틀릴 수 있다

미셸 오바마는 1964년 시카고의 가난한 흑인 거주지 사우스사이드에서 태어나 자랐습니다. 아버지는 정수장에서 일하는 공무원이었고, 어머니는 전업주부였습니다. 평범한 흑인 부부는 어떤 방법으로 딸을 양육했을까요?

미셸의 부모님은 흑인이라는 이유로 차별받는 조건에서 일찍이 깨어난 사람들이었습니다. 그들은 자녀들에게 차별적 삶을 물려주지 않기 위해 '교육'과 '존중'에 힘썼습니다.

미셸의 오빠 크레이그는 아이비리그 중 하나인 프린스턴 대학교에 입학할 때까지 자신의 집이 가난하다는 사실을 몰랐습니다. 아버지의 임금으로 4인 가족이 근근이 살아가는 형편이었고, 가족들은 근검절약이 몸에 배어 있었습니다. 크레이그는 자신의 집이 '가정 교육의 지상 낙원'이었다고 말했습니다. 전업주부로 자녀 양육에만 힘을 쏟았던 어머니 덕분이었지요. 어머니 메리언은 아이들이 어릴 때부터 교육에 많은 시간을 할애했습니다. 학습 카드를 준비하여 아이가 관심을 보이면 글자와 소리가 어떻게 연결되는지 몇 시간씩 가르쳐 주었습니다. 그 교육을 잘 따른 크레이그는 또래보다 학습 면에서 월등했습니다.

반면, 미셸은 어머니의 그런 교육 방법을 거부했습니다. 하지만 어머니는 미셸의 태도를 존중해 주었습니다. 미셸이 '나는 스스로 읽는 법을 깨칠 수 있다.'라고 생각한다는 것을 알았기 때문입니다. 자신의 의견을 분명하게 표현하는 미셸의 태도는 학교에서 선생님을 불편하게 만드는 요인이 되기도 했습니다. 부모 상담 때, 그 점에 대해 얘기하는 선생님에게 메리언은 이렇게 말했습니다.

"그렇죠. 애가 성깔머리가 좀 있지요. 그렇지만 우린 그렇게 키우기로 했어요."

메리언은 항상 아이들의 말을 경청했습니다.

"항상 우리가 틀릴 수도 있다는 전제 하에 사물을 바라보려고 노력했어요. 내가 모든 것을 안다는 식으로 행동하지 않았기 때문에 저는 아이들에게 많은 걸 배울 수 있었죠. 남편도 그걸 잘했어요."

미셸의 부모님은 느낀 것을 말할 수 없어서 억울했던 어린 시절을 되새기며, 아이들이 당당하게 말하고 항상 왜냐고 물을 수 있도록 가르쳤습니다.

"선생님을 존경해라. 그렇지만 문제 제기를 주저하지 마라. 엄마 아빠한테도 마찬가지다. 우리가 너희에게 뭔가를 이유 없이 시키게 놔두지 마라."

부모님의 열린 양육 방식과 가르침 덕분에 미셸과 크레이그는 '인종이나 노동자 계층 출신이라는 이유로 어떠한 장애물을 만나든, 그것이 인생의 가능성을 속박할 수 없다.'라는 가치관을 지닐 수 있었다고 말합니다.

미셸의 가족은 일요일에 드라이브를 즐겼습니다. 가족 드라이브는 즐거운 체험이자 소중한 교육의 장이었습니다. 1974년 어느 일요일, 로빈슨 가족이 고급 주택이 즐비한 동네를 드라이브할 때였습니다. 열두 살인 크레이그가 부모님에게 물었습니다.

"커다란 집들 뒤편에 왜 작은 건물들이 딸려 있어요?"

"그 건물들은 백인 집주인을 모시는 흑인들이 지내는 헛간이란다."

아버지 프레이저 로빈슨은 "인종 차별과 같은 비열한 일에 대한 가장 현명한 대응책은 자기 이해이다."라고 강조했습니다. 자기 평가가 확고하고 스스로에게 만족한다면 아무도 자신을 불쾌하게 만들 수 없기 때문이지요. 아버지는 백인들을 대하는 자세에 대해서 이렇게 가르쳤습니다.

"다른 사람들이 옳다고 생각하는 일을 그들 눈치나 보면서 해서는 안 된다. 네가 옳다고 여기는 일을 해야 한다. 사람들이 너에 대해 어떻게 생각할지를 걱정하지 않는 사람으로 자라거라."

사랑이 넘치고 행복한 가정 만들기

미셸은 한 인터뷰에서 "내가 생각하고 실천한 모든 것은 아버지가 열심히 일해서 우리에게 마련해 준 그 작은 아파트에서 만들어졌다."라고 말했습니다. 로빈슨 가족은 매일 저녁 함께 모여 식사하는 것을 철칙으로 삼았습니다. 토요일 밤이면 다이아몬드, 모노폴리, 스크래블 등의 보드게임을 하며 즐거운 시간을 보냈습니다. 그리고 로빈슨 부부는 아이들을 두고 밤에 외출하는 일이 거의 없었습니다.

『몰입』의 저자 칙센트미하이는 "행복한 가족이 되길 원하면 '자기 목적적' 가정이 되라."라고 말합니다. 자기 목적적 가정은 구성원들이 삶의 곳곳에서 즐거움을 경험할 수 있는 가족입니다. 예를 들면, 야외 나들이를 가거나 휴가 계획을 세우고, 일요일 오후에 온 가족이 단어 맞추기 게임을 하는 것 등을 말합니다. 미셸과 크레이그 남매가 살았던 가정이 바로 그런 모습이었습니다.

프레이저 로빈슨은 자식들에게 대단한 열정을 쏟는 아버지였습니다. 밤 10시부터 아침 6시까지 야간 근무를 하고 아침에 돌아와서도 휴식을 취하기 전에 아이들의 아침밥을 차려 놓곤 했습니다. 퇴근 후에는 짬을 내 아이들과 야구, 농구, 축구, 미식축구 같은 스포츠를 즐겼습니다. 2009년 영부인 미셸은 코펜하겐에서 열린 국제 올림픽 위원회 총회에 참석했을 때 이렇게 말했습니다.

"아버지가 공 던지는 법을 가르쳐 주었고, 어떻게 하면 동네 아이들보다 더 멋진 라이트훅을 날릴 수 있는지 가르쳐 주셨다."

미셸의 아버지는 아이들이 그의 높은 기대에 부응하고 싶게 만드는 힘이 있었습니다. 크레이그는 “만일 아버지를 실망시키면 모두가 울어 버릴 것만 같았어요.”라고 말했습니다.

영부인으로서 대통령보다 더 높은 지지율을 얻었고, 백악관을 떠난 뒤에는 차기 대통령 후보로 강력하게 추앙받고 있는 미셸 오바마. 그녀를 키운 것은 ‘따뜻하고 사랑이 넘치며 즐겁고 행복한 가정’이었습니다. 그 가정을 일궜던 부모님은 지혜롭고 헌신적이었습니다. 가난이나 인종, 대학 졸업장 같은 것들이 전혀 영향을 미칠 수 없는 분들이었지요.

나의 실수로부터 배운 지혜

미셸 오바마의 아버지 프레이저를 보면서 저는 아버지로서 심히 부끄러움을 느꼈습니다. 20년 전의 어느 하루가 떠올랐습니다.

1999년 4월의 어느 토요일 아침이었습니다. 저는 다섯 살짜리 아들과 세 살 난 딸을 집에 남겨 둔 채 아현도서관으로 향했습니다. 보행로 대로변에 심어져 있는 가로수에는 연푸른 잎들이 다투어 피고 있었고, 책과 시詩를 향해 걸어가던 저의 발걸음은 들떠 있었습니다. 봄 햇살에 눈부시게 빛나고 있던 이파리들을 바라보면서 저는 아이들을 떠올렸습니다.

'이토록 눈부신 봄날에 어린아이들을 좁은 방에 남겨 둔 채 나는 홀로 책 먼지 쌓인 도서관으로 시를 쓰러 가고 있구나.'

그날의 설레고도 쓰린 기억은 스무 해가 지난 후에도 지워지지 않는 흔적처럼 가슴에 새겨져 있습니다. 아이들을 키우면서 가장 큰 죄책감을 느낀 하루였습니다. 그 봄날의 길과 시간을 아이들과 함께했더라면 하는 아쉬움 때문이었지요.

그토록 미욱한 아버지였기에 저는 2012년 민주당 전당 대회에서 미셸이 아버지에 대한 추억을 얘기할 때는 눈물을 흘릴 수밖에 없었습니다.

"매일 아침 저는 다발성 경화증을 앓고 계시던 아버지가 웃으면서 일어나 보행 보조기를 잡고, 세면대에 몸을 기대서서 천천히 면도한 뒤 작업복 단추를 채우는 모습을 보았습니다. 그리고 하루 종일 일하다가 집에 돌아오실 때면 오빠와 저는 아파트 계단 꼭대기에 서서 아버지를 맞으려고 끈기 있게 기다렸습니다. 아버지는 손을 뻗어 한쪽 다리를 들어 올리고 그다음에 다른 쪽 다리를 올리는 식으로 천천히 계단을 올라와 우리 품에 안겼지요."

이 부분을 읽을 때마다 가족의 모습이 선연히 떠올라 가슴이 뭉

클해졌습니다.

미셸의 아버지 프레이저는 아이들에게 격언을 인용하여 말하는 걸 즐겼는데, 그가 가장 좋아했던 말이 있습니다.

"똑똑한 사람은 자기 실수에서 배우지만, 지혜로운 사람은 다른 사람의 실수로부터 배운다."

프레이저의 말을 듣고 나서 저는 지금부터라도 똑똑한 부모보다 지혜로운 부모가 되어야겠다고 마음먹었습니다. 똑똑한 부모는 자기 실수에서 배우지만, 지혜로운 부모는 다른 부모의 실수로부터 배우기 때문입니다. 자기 실수에서만 배운다면 한발 늦거나 너무 늦은 부모가 될 수밖에 없습니다.

프레이저 로빈슨은 야간 근무를 마치고 돌아온 새벽에도 아이들의 아침밥을 차려 놓고 잠드는 아버지였습니다. 그는 다발성 경화증으로 몸이 굳어 가고 있었지만 하루도 일을 쉬지 않았습니다. 또한 한 번도 자신의 삶을 덮친 불행에 대해 불평한 적이 없었습니다. 로빈슨은 저를 움직이게 만들었습니다. 다른 사람의 실수로부터 배우지 못했다면, 나의 실수로부터라도 배워야 하지 않겠느냐는 마음의 발로였습니다.

요리를 배우기 시작한 지 반 년이 지났습니다. 스물넷이 된 아들은 원주 캠퍼스에, 스물둘이 된 딸은 호주 브리즈번 대학교 기숙사에서 지내고 있습니다. 저는 아들과 딸이 돌아올 때 맛있는 음식을 차려 주기 위해서 『딸에게 차려 주는 식탁』, 『우리 집에 꼭 필요한 기본 요리 백과』 등 5권의 요리책으로 실습하고 연구하며 요리를 배우고 있습니다.

제가 만든 콩나물 황태국, 해물 단호박 카레, 감자 고추장찌개, 미더덕 된장찌개 등을 아내가 가족 단톡방에 꼬박꼬박 올려 주고 있습니다. 전문 식당을 해도 좋을 정도로 맛있다는 상찬도 아끼지 않습니다. 아이들은 맛있겠다며 부러워하기도 하고, 힘내라고 응원해 주기도 합니다.

『죽음의 수용소에서』의 저자이며 의미 치료(로고 테라피)의 창시자인 빅터 프랭클은 로고 테라피 행동 강령을 이렇게 설파합니다.

"인생을 두 번째로 살고 있는 것처럼 살아라. 그리고 지금 당신이 막 하려고 하는 행동이 첫 번째 인생에서 이미 그릇되게 했던 바로 그 행동이라고 생각하라."

공덕역을 지나 아현도서관을 향해 눈부신 봄날의 아침을 홀로 걸어갔던 아버지는 이제 두 번째 인생을 살고 있는 것처럼 살고자 합니다. 첫 번째 인생에서 놓쳤던 사랑할 기회들을 두 번째 인생에서는 놓치지 않으려 합니다. 그 봄날 아침 이후, 스무 해가 지난 뒤에야 아버지는 아이들과 아내에게 맛있는 요리를 해 주고픈 일념으로 신나게 배우고 있습니다. 아직 늦지 않은 것 같아서, 배워야 할 요리가 많아서 그게 또 참 행복합니다. 아이들에게 바라는 것은 오직 하나밖에 없습니다. 바로 '자기 자신을 좋아하는 사람으로 자라라.'는 것입니다.

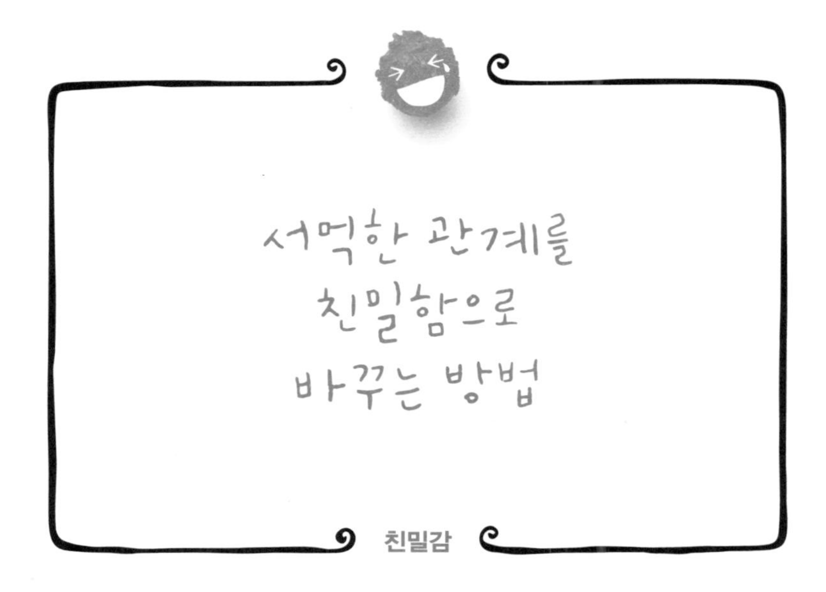

서먹한 관계를 친밀함으로 바꾸는 방법

친밀감

로빈슨 가족이 서로에게 느끼고 있던 친밀감이 참 부러웠습니다. 제게도 아들과의 친밀함은 좀처럼 해결되지 않는 숙제였습니다. 그런 제게 도움을 준 책이 이무석 박사의 『나를 행복하게 하는 친밀함』입니다.

『나를 행복하게 하는 친밀함』에 아들과 친밀해지는 걸 두려워하는 여자 미스 에이(A)가 나옵니다. 그녀의 가장 큰 문제는 친밀함에 대한 두려움을 가지고 있다는 사실을 모른다는 것이었습니다. 미스 에이는 오히려 자신이 좋은 엄마라고 자부하고 있었습니다.

하지만 그녀의 실제 모습은 아들이 다가와 안으려 하면 자신도 모르게 밀쳐 내는 냉랭한 엄마였습니다.

이무석 박사는 "현대인들은 미스 에이처럼 친밀함에 두려움을 느끼고 있으면서도 그걸 모르는 경우가 많다."라고 말합니다. 미스 에이는 사람들과 만나면 항상 자신도 모르게 빚진 기분이었습니다. 상대방이 자신에게 뭔가를 요구하는 듯한 느낌이 들었지요. 그녀는 늘 상대를 기쁘게 해 줘야 할 것 같고 편하게 해 줘야 할 것 같은 감정에 사로잡히곤 했습니다. 그런 이유로 누구와도 마음 편하게 친밀한 관계를 형성할 수 없었습니다.

원부모와의 친밀감이 대인 관계를 결정한다

미스 에이는 지속적인 정신 분석을 통해서 자신이 아들과 친밀감을 형성하지 못하는 이유를 찾았습니다. 이유인즉, 미스 에이는 무의식 속에서 아들을 어린 시절 경쟁자였던 남동생과 동일시하고 있었습니다.

미스 에이가 네 살 때 태어난 남동생은 부모님의 사랑을 독차지했습니다. 그녀는 부모님의 사랑을 뺏어 간 남동생을 몹시 질투했는데, 그 질투가 아들에게로 옮아간 것이었지요. 남동생을 향했던 질투가 무의식적으로 아들에게 전이(轉移)되어 친밀해질 수가 없었던 것입니다.

미스 에이가 아들을 거부한 원인은 '원부모'로부터 받았던 차별에 있었습니다. 자신과 남동생을 동등하게 사랑해 주지 않았던 부모님으로 인해 그녀는 친밀함의 능력을 키우지 못했습니다. 특히 엄마와 친밀감을 형성하지 못했고, 그것은 다른 사람들과도 친밀한 관계를 맺는 데 어려움을 겪게 했습니다. 자신을 친밀하게 대해 주지 않는 부모를 보면서 미스 에이는 '내가 부모님에게 뭘 잘못했나?'라는 빚진 마음을 느꼈습니다. 그런 빚진 마음은 타인과 친밀한 관계를 형성해 가는 일에 큰 장애가 되었습니다. 누군가와 친밀해지기 위해서는 항상 자신이 잘해 주어야 한다고 생각했기 때문에 그런 소모적 관계를 지속할 수 없었던 것이지요.

아들과 친밀한 관계를 형성하지 못했던 원인을 알게 된 미스 에이는 할머니 댁에서 지내고 있던 아들을 집으로 데리고 왔습니다. 그 뒤 아들과 함께 생활하면서 조금씩 친밀한 관계로 발전해 나갔습니다. 얼마 뒤 그녀는 분석가에게 이렇게 말했습니다.

"저녁을 먹고 텔레비전을 보는데 아이가 제 목을 껴안으며 '엄마 사랑해.'라고 말하는 거예요. 저도 반사적으로 아이를 꼭 껴안아 주었어요. 그때 기분 좋은 느낌이 들었어요. '아, 이제는 내가 아이를 밀쳐 내지 않는구나.'라고 깨달았죠. 제 어머니는 한 번도 저를 그렇게 안아 주신 적이 없었어요."

이무석 박사는 "원만한 대인 관계를 가질 수 있으려면 다른 사람과 함께 있을 때 재미있고 좋았던 기억이 있어야 한다."라고 말합니다. 누구에게나 최초의 다른 사람은 엄마입니다. 즉 엄마와 즐겁게 지낸 좋은 기억이 있어야 한다는 말입니다. 무의식 속에 엄마가 자신의 고통을 해결해 주고 위로해 주며 행복하게 해 주었던 기억이 쌓여 있는 사람은 다른 사람과 만날 때도 재미있고 좋을 거라는 기대를 가지게 됩니다. 또한 그런 기대는 타인들과 원만하고 즐거운 관계를 맺게 합니다.

아기의 행위에는 두 가지 방향이 있다고 합니다. 하나는 엄마 쪽으로 향하는 애착 행위이고, 다른 하나는 엄마로부터 밖으로 향하는 탐구 행위입니다. 그런데 이 탐구 행위는 애착 욕구가 충족되어 불안감이 없어진 다음에 나타납니다. "엄마만 가까이 있으면 아이는 전쟁 속에서도 행복한 법이다."라는 말이 이를 잘 설명해 준다고 하겠습니다.

친밀감은 침묵 속에서도 솟아난다

미국의 정신 분석가 에릭 에릭슨은 주체성이 확립되지 못한 사람은 친밀한 인간관계를 맺을 수 없다고 말합니다. '나'가 확실해야 '너'가 확실해지고 '나와 너'가 확실해야 두 사람 사이에 인간관계가 이루어지고 친밀한 관계도 가능해집니다. 따라서 '나'가 애매하면 상대방과의 관계도 애매해집니다.

아이의 사춘기는 '나'가 흔들리는 시기이며 재정립되는 시기입니다. 십 대가 된 아이들은 자아 정체감에 혼란을 느끼면서 더 이상 부모의 색깔에 물드는 것을 원치 않습니다. 사춘기는 부모와 친밀한 관계를 맺는 데 어려움을 겪게 되는 시기입니다. 이때 부모의 역할은 아이의 '나'가 분명히 재정립될 때까지 묵묵히 기다려 주는 일입니다. 섣부르게 관계를 회복하려는 시도는 오히려 역효과를 낳을 수 있습니다. 사춘기 아이와 부모의 친밀감을 가로막고 있는 것은 아이의 주체성과 자기 통제감이기 때문입니다.

제 경우는 미스 에이와 다르면서도 같은 유형이라고 말할 수 있습니다. 저는 가족이나 직장 동료들과 친밀함을 형성하는 데 어려움이 없는 편입니다. 그런데 유독 아들 한이와 친밀한 관계를 맺는 일에 어려움이 있었습니다. 한이가 어렸을 때는 별 문제가 없었습니다. 아들이 사춘기가 되기 전까지는 남부럽지 않을 만큼 친밀한 부자지간이었습니다. 한이가 중 2가 되면서 관계가 어그러졌습니다. 키와 덩치가 커진 아들이 제 엄마를 이겨 먹으려고 하고, 울게 하는 모습을 보고 자주 혼내다 보니 어느덧 서먹하고 어색한 관계가 되어 버렸습니다.

한이가 고등학교 시기를 지방의 기숙사 학교에서 보내게 되면서 우리 관계는 전환점을 맞았습니다. 아들과의 관계를 재정립하는데 도움이 되었지만, 또 한편으로는 아들과의 서먹함을 친밀함으로 바꿀 기회를 잃은 시기이기도 했습니다.

수능을 본 후, 한이는 고등학교 기숙사에서 지방 대학의 기숙사로 옮겼습니다. 그때 저는 안도감을 느꼈던 것도 같습니다. 떨어져 지내는 게 아쉽기도 했지만 어색한 사이가 돼 버린 아들과 가끔 얼굴을 보는 일이 편하게 느껴졌기 때문이지요. 아들과의 관계로 인해 저는 제 안의 친밀함에 대해 점검할 필요를 느꼈습니다. 저는 아들과 친밀함을 회복하고 싶었습니다.

대학생이 된 아들이 가끔씩 주말에 집에 오거나 방학 때 오면 서먹했습니다. 한이가 한 달 만에 집에 온 9월의 어느 주말, 온 가족이 의기투합해 크림 맥주 집에 가기로 했습니다.

금요일 밤늦게 도착한 한이는 몹시 피곤해 보였습니다. 아내가 반갑게 맞으며 안아 주려고 했지만 녀석은 어색해하며 피했습니다. 여름 방학 때 비만과 성적 문제로 엄마와 크게 싸운 후여서 아직 불편한 감정이 남아 있는 듯했습니다. 한이는 엄마뿐만 아니라 저와도 여전히 친밀함과는 거리가 멀었습니다.

심리학적으로 아버지와 아들은 바위와 바위의 관계라고 합니다. 한이가 어렸을 때 "아빠!" 하고 부르며 이런 저런 이야기를 들려줄 때는 대화가 잘되는 편이었습니다. 그랬던 아들이 중고등학생이 된 후부터 필요한 이야기를 나누고 나면 할 말이 없어졌습니다.

씻고 나온 아들과 밤늦은 시간까지 하는 오디션 프로그램을 함께 보며 얘기할 기회를 엿보았습니다. 물리치료과를 전공하는 한이에게 해 줄 말이 있었습니다. 며칠 전 학생들과 병원으로 진로 체험 교육을 갔을 때, 물리치료사에게 들었던 말을 해 주고 싶었습니다.

"한이야, 미국에서 물리치료사 공부를 하려면 영어를 마스터하고 학비 지원을 받으면서 공부해야 겨우 따라갈 수 있다고 하더라."

미국에 가서 전공 공부를 하고 싶다고 말했던 아들은 시큰둥한 반응을 보였습니다.

"물리치료사는 서른다섯 살만 돼도 월급이 많아져서 병원에서 안 쓰려고 한대. 그리고 척추 교정술을 배워야 월 350만 원 수입이 보장된다고 하더라."

부지런히 아들에게 유용한 정보들을 알려 주고 나자 더 이상 할 얘기가 없었습니다. 저와 아들 사이에 어색한 침묵의 강이 흐르게 되었습니다. 무거운 침묵이 이어지자 불편한 감정이 찾아왔습니다. 그러다 이런 생각이 들었습니다.

'침묵이 안 좋은 걸까?'

『교감하는 부모가 자녀의 십 대를 살린다』에서 읽었던 한 구절이 떠올랐습니다.

"침묵 속에서 편안함을 느끼는 관계가 가장 깊은 관계이다."

저자는 침묵 속에서의 교감이 가장 깊은 것이라고 했습니다. 그렇다면 나 역시 아들과 침묵 속에서도 건강한 교감을 할 수 있지 않을까? 하는 생각이 들었습니다.

다음 날, 한이가 배탈이 나고 아내도 몸살이 심해서 크림 맥주를 마시기로 한 가족 모임은 취소됐습니다. 갑자기 시간이 생겨 도서관에 갈까 하다가 침대에 누워 소설 『소년이 온다』를 읽었습니다. 아들은 제 방에서 노트북을 들여다보고, 아내는 텔레비전을 보고, 고 2 딸은 자기 방에서 자고 있었습니다. 그런 모습들을 보면서 '그래, 각자 자기가 원하는 대로 시간을 보내는 것도 나쁘지 않구나.'라는 생각이 들었습니다.

그렇게 몇 시간이 훌쩍 지나갔습니다. 어느덧 밤 11시가 넘었고,

텔레비전에서 〈히든 싱어〉가 방송되고 있었습니다. 가족들이 하나 둘 나와서 함께 〈히든 싱어〉를 보았습니다. 우리는 두런두런 이야기를 나누며 나이 든 여가수의 훈훈한 미담을 들으면서 함께 즐거운 시간을 보냈습니다. 침묵 속에 있을 때도, 대화를 나눌 때도 다 좋았습니다. 중요한 것은 그저 함께 있는 것이었습니다.

어쩌면 친밀함은 침묵 속에서 생성되는 것인지 모른다는 생각이 들었습니다. 침묵 속에 팽팽히 들어차 있던 관심과 기다림이 때가 되면 친밀함으로 빚어지는 것이 아닐까요? 침묵 속에서, 그저 함께 있는 것만으로도 친밀함은 한밤의 눈처럼 켜켜이 쌓여 갑니다. 침묵은 결코 의미 없이 지나가는 시간이 아닙니다.

권위를 내려놓으면 친밀감이 솟아난다

우리 문화에는 권위주의가 깊게 자리 잡고 있습니다. 회사, 군대, 학교 등 어느 조직이든지 상명하복 문화가 지배하고 있다고 해도 과언이 아닙니다. 딱딱한 권위주위가 팽배한 관계 속에서 친밀함이 싹트기란 어려운 법입니다.

『만남의 철학』의 저자 김상봉 교수는 우리 사회에 만연한 권위주의와 차별의 뿌리를 한국어에서 찾습니다. 우리의 언어에는 극존칭 표현이 있습니다. 극존칭이 있으니 당연히 극하대가 있습니다. 이 극존칭과 극하대의 언어가 상명하복 문화와 차별적 인간관계를 만든다는 것입니다.

반면에 영어를 비롯한 유럽어를 쓰는 나라에서는 부모 자식 사이에 존칭어를 쓰지 않습니다. 그들의 언어에는 나이와 상관없이 모두가 동등한 존재라는 인식이 깔려 있는 것입니다.

김상봉의 언어에 대한 통찰은 나라는 존재에 뿌리 박힌 권위주의를 깨닫게 해 주었습니다. 간혹 느끼기는 했지만 뿌리 박혀 있다고는 인식하지 못했기 때문에 권위주의를 극복하지 못한 채로 살아왔습니다. 그런데 그 권위주의가 언어에 뿌리내리고 있다는 통찰은 저로 하여금 새로운 눈을 뜨게 해 주었습니다. '아! 내가 아들을 존재 자체로 받아들이겠다고 애써 왔지만, 그게 나와 동등한 존재로 받아들인 것은 아니었구나!'라는 깨달음이었습니다.

친밀함이란 동등한 관계 속에서 쌓여 가는 것이었습니다. 아들과의 관계에서는 더욱 그러했습니다. 아들을 동등한 존재로 대하기 시작하자 부자 관계도 어렸을 적의 친밀한 관계로 회복되어 갔습니다. 저 자신을 낮추는 자세를 취하자 거리낌 없이 농담을 주고받을 수 있게 되었습니다. 그럴 때 유머가 꽃처럼 피어나고 친밀감도 깊어져 갔습니다.

겨울 방학 때 한이가 집에서 생활할 때였습니다. 일요일 저녁에 식사를 한 후 아내가 말했습니다.

"아침 설거지는 내가 했으니까, 저녁 설거지는 자기가 해."

원래 아침 설거지는 한이의 담당이지만, 일요일에는 아침밥을 먹고 교회를 먼저 가기 때문에 못하는 날이 많았습니다. 그런 날 저녁에는 더러 제가 아들에게 설거지를 하라고 시키기도 했습니다. 하루에 한 번 설거지하기는 집안일을 돕는 차원에서 아버지로서 아들에게 유일하게 요구하는 일이었습니다.

제가 농담하듯 아내에게 말했습니다.

"아유, 아들 설거지 시킬까 봐 되게 챙기네."

그러자 밥을 먹고 난 아들이 식탁에서 벌떡 일어서며 말했습니다.

"일요일에는 교회 가야 하는데 내가 왜 아침 설거지를 해? 안 하는 거잖아!"

그렇게 하기로 합의한 적은 없었지만, 은연중에 그렇게 되고 있던 것이었습니다. 저는 아들에게 암묵적으로 합의했던 원칙을 내세우지 않았습니다. 딱딱하게 원칙과 권위를 세우려 하면 친밀감 쌓기에서 멀어질 터여서 씨익 웃으며 아들에게 말했습니다.

"그래? 그럼, 일요일날 아침 먹지 마."

개수대에 그릇을 넣고 난 한이가 웃으며 맞장구를 쳤습니다.

"알았어! 안 먹어, 안 먹어."

아들의 말에 아내와 저는 웃음이 터졌습니다. 먹는 걸 너무도 좋아하는 녀석의 큰소리에 어이가 없었던 것이지요.

대화는 그렇게 웃음으로 마무리되었습니다. 불필요한 권위주의를 내려놓자 아들과의 관계에서 절로 친밀함이 솟아났습니다.

웃음과 친밀함은 자기 자신을 권위적인 존재로 여기지 않는 태도에서 솟아 나옵니다. 친밀함은 권위라는 낡은 가치를 놓아 버린 마음이 선사하는 선물이기도 합니다. 부모가 권위와 기대를 놓아 버릴수록 아이와 더욱 친밀하고 즐거운 관계를 맺어 갈 수 있습니다.

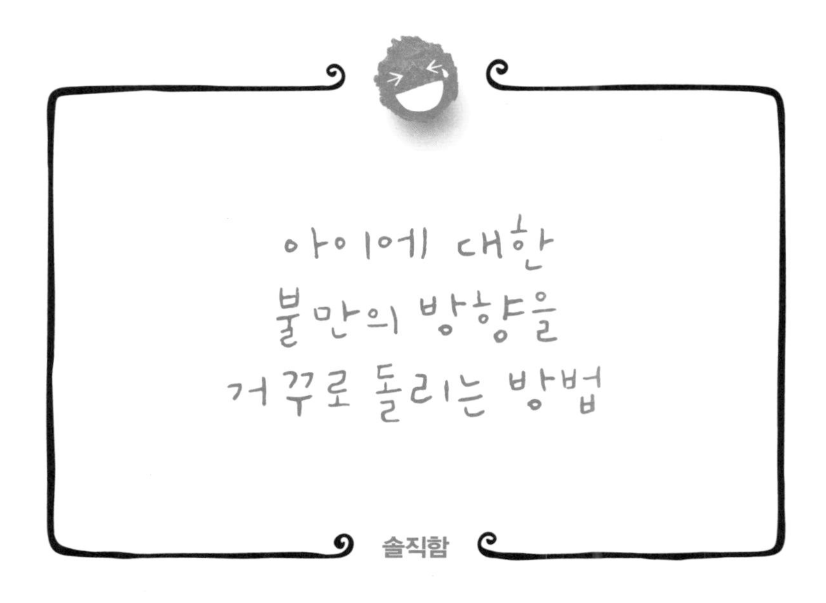

아이에 대한 불만의 방향을 거꾸로 돌리는 방법

솔직함

삶에 대한 태도는 아이의 생애 전반에 걸쳐 영향을 미치게 될 중대한 요소입니다. 아이의 태도는 부모가 아이를 대하는 태도에 가장 큰 영향을 받습니다. 『술 취한 코끼리 길들이기』는 아이를 대하는 부모의 태도에 대해 큰 깨달음을 안겨 주는 책입니다.

이 책의 저자인 아잔 브라흐마 스님은 영국에서 대학을 졸업한 뒤 태국 불교 수행승 생활을 마치고, 지금은 호주 보디냐나 수도원 원장으로 일하고 있습니다. 매주 금요일 사찰 인터넷 홈페이지에 올라오는 그의 법문 동영상은 전 세계에서 수백만 명이 접속해 들을 정도로 인기가 높습니다.

브라하마 스님은 자신의 인생을 바꾼 한 사람으로 주저 없이 아버지를 꼽습니다. 열네 살 적 어느 날, 아잔은 런던 교외의 빈민가에 주차한 낡은 차 안에 아버지와 단둘이 있었습니다. 그때 자신을 바라보며 아버지가 해 주셨던 말씀이 그의 삶을 바꿔 놓았다고 합니다.

"아들아, 네가 삶에서 무엇을 하고 살아가든 이것을 잊지 마라. '내 마음의 문'은 너에게 언제나 열려 있을 것이다."

3년 뒤 아버지는 세상을 떠났고, 몇 년이 더 지나 케임브리지 대학교를 졸업한 그는 태국의 밀림 지대로 가서 승려가 되었습니다. 갖은 고생을 하며 수행승의 길을 걷는 동안 아버지의 말씀은 큰 힘이 돼 주었습니다. 아버지의 사랑에는 조건이나 단서가 붙어 있지 않았습니다. 그는 아버지의 아들이었고, 그것으로 충분했습니다. 돌아가신 후에도 아버지의 사랑이 변함없이 그의 삶을 이끌어 주었다고 합니다.

잘못 놓인 두 장의 벽돌

모든 부모들이 아잔 브라흐마의 아버지처럼 아이에게 마음의 문을 활짝 열고 싶어 합니다. 그런데 부모의 눈에 아이의 '벽돌 두 장'이 보이면 마음의 문을 여는 것이 너무 어려워집니다. 벽돌 두 장이 뭐냐고요? 아잔 브라흐마는 산에 절 지을 터를 구입하고 여러 스님들과 함께 맨손으로 절을 지었을 때의 이야기를 들려줍니다.

벽돌을 부지런히 쌓아 벽을 세운 아잔 브라흐마는 자신이 세운 벽을 보고 매우 흡족했습니다. 천 개 정도의 벽돌들이 질서 정연하게 쌓아 올려져 아름답게 보였습니다. 흐뭇하게 바라보고 있던 그의 눈에 옥의 티처럼 미세하게 비뚤어진 벽돌 두 장이 보였습니다. 그 순간 그의 마음에 자리 잡고 있던 흐뭇함이 연기처럼 사라지고 실패감과 좌절감이 점령했습니다.

'잘못 놓인 벽돌 두 장.'

아잔 브라흐마는 많은 사람들이 상대방에게서 오직 '잘못 놓인 두 장의 벽돌'만을 발견하기 때문에 관계를 파국으로 이끌어 간다고 말합니다. 또 그만큼 많은 사람들이 자기 안에서 벽돌 두 장만을 바라봄으로써 좌절에 빠지거나 자살까지 생각한다고 합니다.

특히 부모의 눈에 아이의 잘못 놓인 벽돌 두 장이 보이기 쉽습니다. 실제로 그 벽돌 두 장의 위, 아래, 오른쪽, 왼쪽 사방에 멋지게 쌓아 올린 수많은 벽돌들이 있습니다. 하지만 벽돌 두 장에 가로막힌 부모의 눈에는 그것들이 보이지 않습니다. 그럴 때 부모는 아이에게 오로지 잘못된 것만 존재한다고 생각하게 됩니다. 성현의 아버지에게 아들이 그러했습니다.

4월의 화창한 봄날이었습니다. 점심시간에 성현이가 농구장에서 주웠다며 휴대폰 하나를 들고 생활부에 찾아왔습니다. 습득한 휴대폰을 가져오면 상점 1점을 주었기 때문이지요. 상벌점 입력 사이트에 상점을 막 입력하려던 때였습니다. 3학년 여학생 한 명이 씩씩거리며 뛰어 들어와 휴대폰을 찾았습니다. 성현이가 가져온 휴대폰의 주인이었습니다.

휴대폰을 되찾은 여학생이 흥분한 목소리로 물었습니다.

"선생님, 이 휴대폰 가져온 애 누구예요? 누가 상점받으려고 주인 있는 휴대폰을 가져온 건지 알려 주세요. 저 말고도 당한 애들이 많아요."

성현이는 잔뜩 겁먹은 얼굴로 구석만 쳐다보고 있었습니다. 꼭 그 녀석을 혼내 주겠다고 거듭 약속하고 나서야 여학생을 돌려보낼 수 있었습니다. 성현이를 따끔하게 혼내 주려고 고개를 돌렸는데 어느새 나갔는지 보이지 않았습니다.

5교시 체육 수업은 1학년 3반, 성현이네 반이었습니다. 성현이와 친구 명훈이가 수업 시작한 지 5분이 지난 뒤에야 운동장으로 헐레벌떡 뛰어나왔습니다. 각자 누군가의 휴대폰과 교복을 손에 든 채였습니다. 녀석들은 분실물을 생활부에 갖다 놓으러 갔는데 문이 잠겨서 도로 들고 왔다고 했습니다. 미심쩍은 점이 있었지만 일단 수업을 시작했습니다.

수업이 끝나고 생활부에 갔더니 3학년 태원이와 성호가 복도를 서성이고 있었습니다. 휴대폰과 교복의 주인들이었습니다. 녀석들은 몹시 흥분한 상태였습니다. 먼저 성호가 말했습니다.

"선생님, 우리가 휴대폰 바로 근처에 있었거든요. 그런데 누군가 상점받으려고 가져간 거예요. 아, 진짜!"

"선생님, 여기 보세요!"

휴대폰을 들여다보던 태원이가 깜짝 놀라며 말했습니다.

"제 휴대폰에 흠집이 나 있어요! 필름에도요."

태원이의 휴대폰은 이 주일 전에 130만 원이나 주고 산 최신형이라고 했습니다. 자기 몸에 상처를 입은 것처럼 괴로워하며 태원이가 말했습니다.

"선생님, 저 이거 보상받아야 돼요. 제 휴대폰 가져온 애 좀 만나게 해 주세요!"

사냥개처럼 으르렁거리는 태원이를 진정시키며 말했습니다.

"알았어. 선생님이 걔 만나게 해 줄 테니까 걱정 말고 교실로 올라가."

솔직하게 말할 수 있는 용기

방과 후에 아이들을 상담실에 불러 모았습니다. 일일이 확인한 결과, 태원이의 휴대폰을 가져간 아이는 성현이였습니다. 하지만 성현이는 휴대폰을 떨어뜨린 적이 없다고 했습니다. 그 말에 태원이가 화를 내면서 어이없어 했습니다.

"그럼 내가 거짓말을 하고 있다는 거냐?"

다음 날 CCTV를 확인하기로 하고 일단 아이들을 집으로 보냈습니다.

그날 밤 성현이의 담임 선생님으로부터 전화가 왔습니다.

"부장님! 성현이 어머니가 태원이 어머니와 처음에 통화했을 때는 사과도 하시고 화해가 잘 이루어졌거든요. 휴대폰 배상도 해 주시겠다고 했고요. 그런데 집에 온 성현이의 말을 듣고 두 번째 통화할 때부터 꼬이기 시작했대요."

아들에게 휴대폰을 떨어뜨린 적이 없다는 말을 들은 성현이 어머니는 휴대폰이 원래부터 손상되어 있었을 거라고 판단한 듯했습니다. 그랬다면 쌍방의 대화가 원만히 이루어질 리 없었습니다.

"세 번째 통화를 할 때는 감정싸움이 격해졌나 봐요. 태원이 어머니가 '왜 자식을 그렇게 키우느냐? 상점 받으려고 주인이 있는 휴대폰을 생활부에 가져다주는 게 정상이냐?'라며 비난했대요."

그 말을 들은 성현이 어머니가 태원이 어머니에게 뭐라고 반격했을지 상상이 되었습니다. 태원이가 자기 실수로 휴대폰에 흠집을 내놓고 후배한테 뒤집어씌우는 거 아니냐고 따졌을 터였습니다.

다음 날 CCTV를 확인해 보니, 1시 18분쯤 성현이와 명훈이가 축구장 쪽으로 걸어가는 장면이 보였습니다. 태원이와 성호 등 3학년 남학생들은 옷과 휴대폰을 놓아둔 곳 바로 앞에서 높이뛰기 연습을 하고 있었습니다. 잠시 뒤 성현이와 명훈이가 형들 뒤로 걸어가 슬며시 휴대폰과 옷을 집는 모습이 확인되었습니다. 명백히 주인 몰래 휴대폰을 집어 들었습니다.

다음은 성현이가 휴대폰을 떨어뜨렸는지 확인해야 했습니다. 1시 20분에 수업 시작종이 울리자 성현이와 명훈이가 교실로 뛰어들어가는 모습이 보였습니다. 그리고 성현이가 1, 2층 사이 계단을 올라가다가 휴대폰을 떨어뜨리는 장면이 잡혔습니다. 휴대폰을 집어 든 성현이가 상처 여부를 확인하는 모습도 보였습니다.

그날 방과 후에 양쪽 부모님과 아이들을 생활부 상담실로 모이게 했습니다. 어색하게 마주 앉은 네 사람을 보며 말했습니다.

"CCTV가 있어 사실을 확인할 수 있었습니다. 성현이가 어제 휴대폰을 떨어뜨렸다고 사실대로 말했다면 성현이 어머님이 이렇게 불편한 입장이 되지 않으셨을 거라고 생각합니다. 태원이가 자기 휴대폰에 흠집 내놓고 후배한테 뒤집어씌우려는 거 아니냐는 오해를 받지도 않았을 거고요."

잔뜩 겁먹은 표정의 성현이는 고개를 숙이고 있었습니다. 태원이와 태원이 어머니의 얼굴은 냉랭했습니다.

"그런데 어른들도 두려움에 휩싸여 있을 땐 사실을 숨기기도 하거든요. 성현이가 무서워서 사실대로 밝히지 못했을 거라고 생각해요. 지금 성현이가 용기를 내서 형한테 사과를 한다고 해요."

성현이를 보고 말했습니다.

"성현아, 형한테 네 마음을 표현해 봐."

한참을 뜸 들이던 성현이가 쥐어 짜내듯 말했습니다.

"어…… 제가 상점 받으려고 형 휴대폰을 집어 간 거 미안해요. 그리고 기억은 나지 않지만 휴대폰 떨어뜨린 거 말하지 않은 것도 미안해요."

태원이 모자의 얼굴이 동시에 황당함으로 일그러졌습니다. 차분한 목소리로 제가 성현이에게 말했습니다.

"성현아, 네가 휴대폰 떨어뜨리는 장면을 너도 봤잖아."

성현이는 아무 말도 들리지 않는 듯 얼빠진 표정이었습니다. 부드러운 표정으로 성현이를 바라보며 말을 이었습니다.

"성현이 네가 금요일 날 솔직하게 말하지 않은 것 때문에 태원이 형이 상처를 많이 받았어. 자신이 하지 않은 일을 한 것으로 오해받는 일이 얼마나 억울한 건지 너도 잘 알잖아. 자, 다시 형한테 네 마음을 표현해 봐."

성현이 어머니도 용기를 내서 솔직하게 말하라며 아들을 독려했습니다.

"휴대폰을 확인해 보니까 아무렇지도 않아서 생활부로 가지고 갔는데……."

겨우 달리기 시작한 말에 채찍질을 가하는 마음으로 다시 성현이에게 말했습니다.

"그래! 성현아, 너도 확인했잖아. 떨어뜨린 휴대폰을 주워서 급하게 보면 아무렇지도 않은 것처럼 보일 수 있어. 하지만 지금 중요한 건 네가 휴대폰을 떨어뜨린 것에 대해 형한테 사과하는 거야."

머뭇거리는 성현을 재촉했습니다.

"성현이가 부모님이 속상해하시는 게 걱정돼서 거짓말을 했을 수도 있어. 그건 선생님도 이해해. 그렇지만 솔직하게 말해야 해."

저는 집요하게 성현이를 밀어붙였습니다. 성현이가 제대로 사과하지 않는다면 이런 자리를 만들지 않는 게 나았기 때문입니다. 성현이의 입에서 비로소 진실이 흘러나왔습니다.

"내가 휴대폰을 떨어뜨렸는데…… 사실대로 말하지 않아서 미안해요."

그 말을 듣고 나서야 태원이와 태원이 어머니의 표정이 풀렸습니다. 태원이에게 제가 말했습니다.

"태원이도 동생한테 말 좀 해 줘."

태원이가 어색한 미소를 지으며 물었습니다.

"난 네가 왜 사실대로 말하지 않았는지 그게 궁금해."

"혼날까 봐……."

성현이가 이실직고하면서 어렵게 사과가 이루어졌습니다.

태원이 어머니가 냉정한 목소리로 성현이 어머니에게 말했습니다.

"저희는 휴대폰 수리가 아니라 교체를 요구합니다. 어제 통화할 때 어머니께서 '성현이가 떨어뜨렸다는 증거를 대면 뭐든지 원하는 대로 해 주겠다.'라고 하셨잖아요."

태원이 어머니는 그 말 때문에 적지 않은 상처를 입은 듯했습니다. 성현이 어머니가 담담히 요구를 받아들였습니다.

"보험으로 그렇게 처리해 드릴게요."

태원이 어머니가 주눅 들어 있는 성현이를 바라보며 부드러운 목소리로 말했습니다.

"성현이가 너무 무서워서 사실대로 말하지 못했다는 건 아줌마도 알겠어. 그리고 성현이가 이렇게 용기를 내서 솔직하게 말해 줘서 고마워."

태원이 어머니는 편안한 모습이었습니다.

"사실이 밝혀져 사과를 받고 나니 마음이 조금 풀리네요."

어머니들은 서로 아이를 믿어 주려다가 생긴 일이니 오해했던 감정을 풀자며 웃으면서 헤어졌습니다.

태원이와 태원이 어머니가 상담실에서 먼저 나갔습니다. 아들과 함께 남은 성현이 어머니가 감정이 북받쳤는지 갑자기 눈물을 글썽거렸습니다. 잠시 뒤 감정을 추스른 어머니가 아들의 얼굴을 두 손으로 감싸며 말했습니다.

"성현아, 잘했어……."

저는 생활부로 들어가 성현이 모자가 진정되기를 기다렸습니다.

감정의 방향을 거꾸로 돌리기

첫 체육 수업부터 성현이는 심상치 않은 인상을 남겼습니다. 1학년 3반의 첫 체육 시간은 교실에서 오리엔테이션으로 진행되었습니다. '왜 인간은 달리기를 잘하도록 진화되어 왔는가?'에 대한 설명을 할 때였습니다. 100킬로미터 마라톤 대회를 휩쓸었던 남아메리카의 카우아이족에 대해 설명하면서 아이들에게 물었습니다.

"아메리카 대륙을 발견한 콜럼버스에 대해 아는 사람 있어?"

그러자 성현이가 콜럼버스와 스페인 군인들이 남아메리카 인디언들을 어떻게 살육했는지 술술 풀어놓았습니다. 문제는 잘 설명했다기보다는 구구절절 늘어놓았다는 게 적합했습니다.

성현이에 대한 아이들의 반응은 싸늘했습니다. 아이들은 '재 또 잘난 체하는구나!', '아는 척하기는!', '재수 없게 또 수업 방해하고 있잖아.'라는 눈빛이었습니다.

수업 첫날부터 성현이는 재수 없는 아이로 낙인찍힌 듯 보였습니다. 성현이의 중학교 1학년 생활이 만만치 않으리라는 예감이 들었습니다.

담임 선생님이 수시로 성현이와 상담하며 아이들을 불편하게 하는 발표를 자제하라고 했음에도 발표는 줄어들지 않았습니다. 그럴수록 성현이는 반 친구들 사이에서 섬처럼 고립되어 갔습니다.

성현이의 행동은 가정에서 칭찬이나 인정을 제대로 받지 못한 아이의 전형적인 모습이었습니다. 성현이가 수행 평가 과제로 제출했던 부모님 칭찬 일기에는 아버지를 무서워하는 감정이 곳곳에 나타나 있었습니다. 소감문에도 성현이는 어머니 칭찬 일기는 술술 써 나갔지만, 자주 혼냈던 아버지에게는 도저히 칭찬할 용기를 낼 수 없다고 썼습니다.

성현이 어머니는 담임 선생님과 통화하는 동안 남편이 옆에서 자꾸 바꿔 달라고 해서 자리를 피해 다니며 통화를 했다고 말했습니다. 그 말을 들으며 저는 성현이 아버지가 얼마나 아들을 윽박지르며 못마땅해했을지 짐작이 되었습니다. 부모가 아이에게서 벽돌 두 장을 보게 되면, 성현이처럼 주눅 들고 겁이 많은 아이로 자라게 됩니다. 성현이는 벽돌 두 장 안에 갇혀 있는 아이였습니다.

인간은 누구나 두 장의 잘못 놓인 벽돌을 가지고 있습니다. 아이도 마찬가지입니다. 세상에 잘못 놓인 벽돌 두 장이 없는 아이는 없습니다. 하지만 분명한 것은, 아이 안에는 잘못된 벽돌보다 완벽하게 쌓아 올린 벽돌들이 훨씬 더 많다는 사실입니다. 벽돌 두 장에서 벽 전체로 시선을 돌리기만 하면, 아름답지 않은 아이는 없을 것입니다.

여기서 진실을 말하자면, 벽돌 두 장 안에 갇힌 것은 아이가 아니라 부모입니다. 부모가 실제로 보고 있는 것은 아이의 벽돌 두 장이 아니라 자기 자신 속의 벽돌 두 장이기 때문입니다. 심리학자들은 그런 심리 작용을 '투사投射'라고 합니다. 성현이 아버지의 심리도 투사였을 가능성이 높습니다. 자신 속에 있는 소심함과 의기소침함을 아들에게서 보고 못마땅해하면서 혼을 냈던 것입니다. '투사의 함정'은 스스로를 속이는 것이어서 빠져나오기가 여간 힘든 게 아닙니다. 투사의 심리 작용에서 벗어날 수 있는 방법은 무엇일까요?

『호모 스피리투스』의 저자 데이비스 호킨스는 '감정의 방향 거꾸로 돌리기'를 통해서 투사를 극복할 수 있다고 말합니다. 감정의 방향을 거꾸로 돌리는 작업을 하기 위해서는 먼저 아이에 대한 불만(벽돌 두 장)을 적는 과정이 필요합니다. 그런 뒤에 불만의 방향을 거꾸로 돌려 자기 자신의 감정에서 원인을 찾는 것입니다. 몇 가지 예를 들어 보겠습니다.

■ "난 아이에게 사랑받지 못하고 있어."

▷ "나는 아이에게 사랑을 주지 않아."

■ "내 아이는 나한테 무례하게 굴어."

▷ "나는 아이에 대한 성의가 부족해."

■ "나를 걱정해 주는 사람은 아무도 없어."

▷ "나는 타인보다 나의 행복과 이익을 더 앞세우며 살고 있어."

■ "내 아이는 나를 미워해."

▷ "내 아이의 미움은 나의 내면에 있는 미움에서 비롯되는 거야."

■ "내 아이는 나와 대화할 때 입을 꾹 다문 채 말을 하려 하지 않아."

▷ "내가 아이의 말에 귀 기울여 들어 주면 아이가 입을 열고 대화를 하게 될 거야."

감정의 방향을 왜 거꾸로 돌려야 할까요? 산에서 길을 잃었을 때 길 찾는 법을 떠올리면 이해하기 쉽습니다. 산에서 길을 잃었을 때는 산 위로 올라가야 길을 찾을 수 있습니다. 산 전체를 조감해 보면 산을 내려갈수록 길에서 점점 멀어지게 된다는 것을 이해하게 됩니다. 하지만 산을 올라가다 보면 언젠가 길과 만나게 됩니다.

자녀와의 관계에서 길을 잃었을 때도 마찬가지입니다. 아이의 감정으로 내려가서 원인을 찾으려 하면 계속 헤매게 될 가능성이 높습니다. 방향을 거꾸로 돌려서 부모의 감정을 부지런히 들여다보면 관계를 회복할 길이 분명히 보일 것입니다.

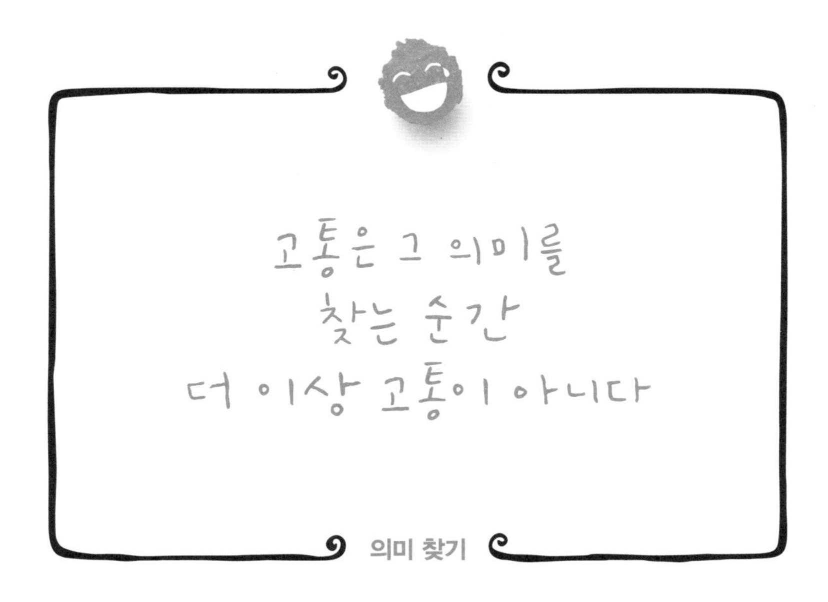

아이를 키우는 일이 행복으로만 가득 차 있을까요? 사실 아이를 키우는 일은 고통의 연속입니다. 갓난아기는 세상에서 가장 아름답고 사랑스러운 미소를 가지고 있습니다. 하지만 하루 종일 울고 보채는 아기를 먹이고 씻기고 돌보는 일은 녹록치 않습니다. 밤에는 두 시간마다 깨서 우유를 주고 기저귀를 갈아 주는 일이 반복됩니다. 이보다 외롭고 고된 노동이 또 있나 싶지요.

아이는 느리게 자랍니다. 걸음마를 배우고, 말을 할 줄 알게 되어 의사소통을 하게 되고, 대소변을 가리고 혼자 용변을 볼 수 있게 됩니다. 그러나 여전히 미숙한 인간입니다.

미숙했던 아이는 어느덧 사춘기를 맞게 되고 성숙한 인간으로 변형되고자 안간힘을 다합니다. 그때부터 부모의 고통이 본격화됩니다. 끝나지 않을 것 같은 이 고통을 부모는 어떻게 대처해야 할까요? 『죽음의 수용소에서』의 저자 빅터 프랭클이 알려 준 비결은 다음과 같습니다.

"의미가 부여된 고통은 넘어설 수 있다."

자기 자신을 파괴 중인 아이

몇 해 전에 딸 때문에 고통받고 있다는 한 어머니로부터 상담 요청을 받았습니다. 『십대 공감』을 출간한 직후였는데, 자신의 딸이 책에 나오는 미나와 똑같다면서 메일로 상담을 하고 싶어 했습니다. 상담을 전공한 것도 아니고 전문 상담사 자격증이 있는 것도 아니어서 망설였지만, '얼마나 의논할 사람이 없으면 내게 부탁할까?' 하는 생각에 이메일 주소를 알려 주었습니다.

윤희는 밤 11시나 12시에 들어왔다가 한두 시간 뒤에 다시 나가 친구들과 밤새 놀다가 새벽에 들어왔습니다. 그리고 오전 내내 자다가 오후 4시쯤에 나가서 학교를 다니지 않는 친구들과 어울리다가 밤늦게 들어오는 생활을 반복했습니다.

윤희 어머니는 딸이 학교를 다니지 않는 건 괜찮지만, 삶이 파괴된 모습을 보는 게 너무 괴롭다고 하소연했습니다.

윤희 아버지는 공기업의 중견 간부였고, 어머니는 성공한 전문직 여성이었습니다. 부모님은 직장 때문에 윤희를 여섯 살까지 할머니 손에 맡겼습니다. 아이를 데리고 와서도 승진 등의 이유로 잘 돌보지 못했습니다. 윤희는 매사에 완벽주의인 어머니와 갈등이 깊었습니다. 대안 학교에서 적응하는 데 실패했고, 일체의 상담을 거부했습니다. 윤희 어머니는 끝이 보이지 않는 딸의 일탈에 자살 충동을 느낀다고 토로했습니다. 그런 심경이 충분히 전달될 정도로 심각한 수준이어서 두어 번 메일을 주고받은 후에 전문 상담사 자격이 있는 선생님을 소개해 드렸습니다. 그리고 마지막에 제 생각을 전했습니다.

"스캇 펙 목사님의 『아직도 가야 할 길』은 수십 년간 스테디셀러가 된 심리학의 명저입니다. 그 책의 핵심 가르침은 '고통을 회피하지 말고 직면해야만 해법의 길이 열린다.'는 것입니다. 윤희가 유학을 가든지 대안 학교를 가든지, 어머니가 휴직을 결정하신 후 딸에게 전념하는 길 말고는 다른 방법이 없다고 생각합니다."

성공한 커리어 우먼인 윤희 어머니는 직장에 대한 애착이 강해서 제 조언이 받아들여질 가능성은 거의 없어 보였습니다.

『미움받을 용기』의 아들러에 따르면, 십 대가 비행을 저지르는 행위는 부모에게 복수하기 위해서라고 합니다. 아이가 사고를 치고, 가출을 감행하고, 손목을 긋는 행위를 하면 부모는 당황해서 어쩔 줄 모르며 괴로워합니다. 아이는 그것을 알고 부모에게 복수하기 위해 자신을 파괴하는 행동을 저지른다는 것입니다. 다시 윤희 어머니에게 연락이 온다면 아들러의 해석을 들려주고 싶습니다만, 안타깝게도 그럴 가능성은 없어 보입니다.

고통 속에서 의미 찾기

로고 테라피(의미 치료)의 창시자 빅터 프랭클은 고통에 의미를 부여함으로써 그 고통을 넘어설 수 있다고 말합니다.

아우슈비츠의 생존자이기도 한 프랭클은 "신경증과 우울증 등 대부분의 정신 질환은 '삶의 의미 없음'에서 기인한다."라고 말합니다. 그는 아우슈비츠와 같은 죽음의 수용소에서도 삶의 의미와 목적이 분명하고 그것을 중심으로 살아갈 때 '살 가치가 있는 존재'가

될 수 있다고 했습니다. 무엇보다도 자기 자신이 로고 테라피의 산 증인이었습니다.

프랭클은 춥고 배고픈 수용소에서 다리에 부종까지 생겨 병자로 지내야 했습니다. 발에 종기가 심하게 났지만 찢어진 신발을 신고 수용소에서 작업장까지 몇 킬로미터를 절뚝거리며 걸어 다녀야 했습니다. 계속되는 극심한 고통과 배고픔, 추위는 그에게 먹는 것, 쉬는 것, 자는 것만을 생각하도록 몰아세웠습니다.

더 이상 그런 상황들을 버틸 수 없는 지경에 이르렀을 때 그를 구원한 것은 수용소에 갇히기 전에 쓰고 있던 논문이었습니다. 프랭클은 수용소에서 나가 논문(수용소에서의 경험을 바탕으로 완성된)을 마무리하는 것을 자기 삶의 목적으로 삼았습니다. 그러자 수용소에서의 삶에 새로운 의미가 부여되었습니다. 수용소에서의 삶이 고통이 아니라 논문을 완성하고 대학교수가 되는 삶으로 가는 여정이 되었던 것입니다. 아우슈비츠에서의 삶이 의미를 얻게 되는 순간이었습니다.

그 후부터 빅터 프랭클은 수용소에서 작업장까지 길고 고통스러운 길을 걸을 때도, 혹독한 노동과 지독한 배고픔에 시달릴 때도 '생각을 다른 주제로 돌리기'를 실행할 수 있었습니다. 그럴 때 그는 불이 환히 켜진 따뜻하고 쾌적한 강의실 강단에 서 있었습니다.

그의 앞에는 청중들이 푹신한 의자에 앉아서 강의를 경청했습니다. 프랭클은 그들에게 강제 수용소에서의 심리 상태에 대해 강의를 했습니다. 그런 작업을 통해서 프랭클은 죽음의 수용소에서의 삶을 버텨 나갈 수 있었다고 고백합니다.

고통이 발생하는 이유는 간단합니다. 우리 뇌가 처리할 수 있는 용량을 넘어선 작업량이 주어진 것입니다. 우리는 사회적 정보가 기하급수적으로 증가하고 있는 삶을 살고 있습니다. 그에 따라 개인이 처리해야 할 정보와 작업의 양도 지속적으로 증가하고 있습니다. 부모들은 복잡한 사회생활 속에서 과부화되어 가는 작업량으로, 아이들은 갈수록 늘어 가는 학습량으로 점점 더 고통스러운 삶을 살고 있습니다. 우리는 늘어 가기만 하는 사회적 고통을 어떻게 처리해야 할까요?

현대의 삶이 아무리 고통스럽고 과부하되고 있다 하더라도 아우슈비츠에서의 고통보다 더하지는 않을 것입니다. 프랭클은 강제 수용소에서도 막사를 지나가면서 다른 사람들을 위로하거나 마지막 남은 빵을 나눠 주는 사람들이 있었다고 증언했습니다. 그들의 모습은 프랭클에게 이러한 진리를 입증하게 해 주었습니다.

"인간에게 모든 것을 빼앗아 갈 수 있어도 단 한 가지는 빼앗아 갈 수 없다. 그것은 마지막 남은 인간의 자유인데, 어떤 환경이 주어지든 그 속에서 자신의 태도를 결정할 수 있는 자유이다. 세상의 어떤 권력도 개인에게 자기 자신의 길을 선택할 수 있는 자유만은 빼앗을 수 없다."

빅터 프랭클은 수용소의 가혹한 상황 속에서 자신이 곧 죽을 것 같다는 생각을 하기에 이르렀습니다. 하지만 그런 상황에서도 그의 관심은 동료들과 달랐습니다. 동료들의 관심이 "우리가 수용소에서 살아남을 수 있을까?" 하는 것이었다면 프랭클의 관심은 이런 의문이었습니다.

"이 모든 시련, 옆에서 사람들이 죽어 나가는 이런 상황이 과연 의미가 있는 것일까?"

프랭클은 다른 동료들과 달리 그 '의미(수용소에서의 삶을 바탕으로 논문을 완성하는 것)'를 찾았기 때문에 수용소의 가혹한 삶 너머에서 고통을 내려다볼 수 있었습니다. 하지만 누구나 고통으로 점철된 삶 속에서 의미를 찾을 수 있는 것은 아닙니다. 그렇다면 그 의미는 도대체 어떤 성격을 가지고 있는 것일까요? 프랭클의 설명은 이러합니다.

"그 의미는 유일하고 개별적인 것으로 반드시 그 사람이 실현시켜야 하고, 그 사람만이 실현시킬 수 있는 것이다."

아우슈비츠에서 인간으로서의 태도를 잃지 않았던 사람들은 영혼의 자유를 잃지 않은 사람들이었습니다. 수용소에서의 어떤 시련과 죽음조차도 그들이 지니고 있었던 '내면의 자유'를 결코 빼앗을 수 없었습니다. 그들이 삶을 의미 있고 목적 있는 것으로 만들었을 때, 그들이 겪는 시련과 고통은 가치 있는 것이 되었습니다.

이 고통은 나에게 무슨 의미가 있는가?

교육 운동 단체 '사교육 걱정 없는 세상'의 송인수 전 대표가 중학생 아들 때문에 겪었던 일을 털어놓은 적이 있습니다.

교육 운동가로 바쁘게 살았던 그는 어느 날 사춘기 아들의 모습을 보고 큰 충격을 받았습니다. 중학생 아들은 시험 하루 전날에 친구들에게 시험 범위를 물어볼 정도로 학업에 무심했습니다. 원색의 옷을 입고 슬리퍼를 신고 학교에 등교하는 등 생활 태도도 좋지 않았습니다. 학창 시절 모범생이었던 아버지에게 그런 아들의 모습은 받아들이기 어려웠습니다.

송인수 전 대표는 학습 방법을 알려 주고 공동체의 가치를 위해 헌신하는 삶에 대해 말해 주며 아들을 변화시키기 위해 애썼습니다. 하지만 아들은 좀처럼 귀를 기울이지 않았습니다. 그런 일이 반복되면서 물과 기름처럼 서로를 밀어내던 부자 관계는 대화 자체가 어려울 정도로 악화되고 말았습니다.

그렇게 시간을 허비하다 아들이 사춘기의 초절정인 중 2가 되었을 때, 단체의 공동 대표로부터 아들과 단둘이 해외여행을 떠나 보라는 권유를 받았습니다. 해외 배낭여행은 법륜 스님이 삶이 망가진 자녀를 둔 부모에게 권하는 방법이기도 합니다. 스님은 주로 인도 여행을 권했는데, 기아와 질병 속에서 삶을 버텨 나가는 사람들의 모습을 보면 아이가 자신의 삶을 변화시킬 기회를 맞게 된다고 말합니다. 송인수 전 대표는 동료의 충고를 받아들이고 천금 같은 시간을 쪼개서 아들과 10박 11일 해외여행을 떠났습니다. 함께하기를 원했던 아내에게는 단호하게 반대의 뜻을 전했습니다.

"당신하고는 아무 문제없잖아. 당신이 오면 우리 둘이 문제를 해결할 수 없어. 아이도 나를 직면해야 하고, 나도 이 아이를 직면해야 해."

그렇게 아버지와 아들은 낯선 세계로 둘만의 여행을 떠났습니다. 비행기 안에서부터 충돌이 시작되었고, 아들도 아버지도 벼랑 끝이었습니다. 거칠고 투박하게라도 부자는 소통을 할 수밖에 없었습니다. 그런 과정을 통해 두 사람은 서로의 생각과 가치관, 꿈과 욕망 등에 대해 깊이 있는 대화를 나눌 수 있었습니다. 한 사람의 인간으로서 진솔하게 소통할 수 있게 됐던 것이지요. 여행 후, 아들은 아버지의 생일날 이런 내용의 편지를 보냈습니다.

아빠도 인간이고 남자고 누군가의 아들이라는 것을 느꼈어요.

아들이 변화하기 시작한 것입니다. 아들은 공익을 위해 헌신하는 아버지의 가치관을 받아들였습니다. 그는 친구들에게 '사교육 걱정 없는 세상' 소책자를 나눠 줄 정도로 공동체에 대한 마음이 열렸습니다. 송인수 대표는 힘들고 어려운 여행이었지만 다녀오길 잘했다고 회상합니다. 부자는 오지에서 힘든 고생을 함께한 시간만큼 하나가 돼 있었습니다.

아버지도 아들도 해외여행을 다녀오기 전의 그 아버지였고 그 아들이었습니다. 사람은 변한 게 없었지만, 함께했던 10박 11일의 여행이 아버지와 아들의 관계를 변화시켰습니다. 분명했던 건 11일 동안의 힘겨웠던 소통을 통해 아들이 아버지의 삶에서 의미를 발견했다는 사실입니다. 아들에게 아버지는 더 이상 공익을 위한다면서 밤낮없이 바쁘기만 하고 가족에게는 무심한 가장이 아니었습니다. 자신을 비롯한 친구들, 대한민국 학생들의 고통을 덜어 주기 위해 헌신하는 어른이었지요.

아버지도 무수한 대화를 통해서 아들이 생각 없고 게으른 철부지가 아니라, 나름대로 주관이 뚜렷하고 자기 자신에게 충실한 존재라는 걸 깨달았습니다. 10박 11일 동안의 해외여행은 아버지와 아들에게 서로의 삶에서 의미를 발견하게 해 준 치료 여행이었습니다.

윤희 어머니와 송인수 전 대표의 차이점은 무엇일까요? 윤희 어머니는 아우슈비츠에서 "내가 이 수용소에서 살아남을 수 있을까?"라고 생각한 사람들과 그리 다르지 않았다고 생각됩니다. 윤희 어머니의 관심은 "내가 딸과의 고통스러운 관계에서 벗어날 수 있을까?"에 있었습니다.

반면에 송인수 전 대표는 빅터 프랭클과 같은 의문을 가졌습니다.

"과연 내가 공익을 위해 헌신한다고 하면서 아들과 이렇게 망가진 관계로 사는 것이 무슨 의미를 가질까?"

좋은 질문이 자신과 아들의 삶을 구했습니다. 로고 테라피는 그런 질문을 갖는 것이기도 합니다. 삶에 고통이 찾아왔을 때는 '질문을 해야 할 때'라는 것을 잊지 마십시오.

"이 고통은 나에게 무슨 의미가 있는가?"

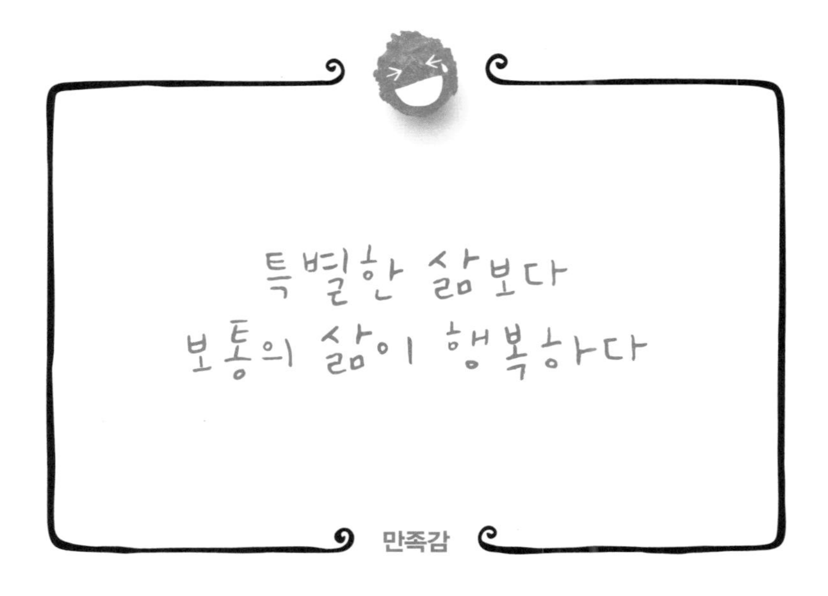

특별한 삶보다 보통의 삶이 행복하다

만족감

보통 사람이 되는 것이 목표인 사회가 있습니다. 해마다 '국민 행복 지수' 조사에서 1위에 오르는 덴마크입니다. 우리 사회 구성원들에게 "당신은 보통 사람이 되는 것이 삶의 목표입니까?"라고 묻는다면 어떤 대답이 돌아올까요?

과연 "그렇다."라고 답할 사람이 얼마나 될까요? 아마도 극소수일 것입니다. 우리 사회는 안정적인 수입을 보장받을 수 있는 전문직을 향해 온 국민이 달려가고 있습니다. 고소득 전문직을 포기하더라도 건물주나 공무원 등 전문직에 준하는 삶을 살고 싶어 합니다. 이는 분명 보통 사람의 삶은 아닙니다. 상위 5퍼센트 안에 들어야 하는 특별한 삶입니다.

보통 사람이 되기를 추구하는 덴마크인들은 세계에서 가장 행복한 사람들인 반면에, 특별한 사람이 되기 위해 생애 전부를 거는 한국인들은 OECD 회원국 중에서 행복 순위 꼴찌를 다투고 있습니다. 아이러니가 아닐 수 없습니다.

덴마크와 우리나라는 복지 수준에 커다란 차이가 있습니다. 덴마크는 실업을 당하거나 은퇴를 하더라도 안정된 삶을 보장받을 수 있는 복지 제도를 갖추고 있지만, 우리나라는 각자도생하여 살 길을 찾아야 합니다. 놀라운 것은 덴마크인들이 '만인이 동등한 사회'를 만든 것이 불과 몇십 년 전이라는 사실입니다. 그들은 어떻게 평등하고 행복한 사회를 만들어 냈을까요?

한 가지 분명한 것은, 덴마크 사람들이 행복할 수 있는 비법은 '특별한 존재가 되려고 하지 않는 것'에 있다는 사실입니다. 그들은 아이가 행복한 사람으로 자라길 바란다면 '보통 사람이 되는 것'을 삶의 목표가 되게 하라고 말합니다.

타인을 부러워하지 않는 삶

『우리도 행복할 수 있을까』는 『오마이뉴스』의 오연호 기자가 우리나라의 극히 낮은 삶의 만족도를 높일 방법을 찾기 위해 덴마크 사회를 연구한 책입니다. 책을 읽으면서 저는 인도계 미국인 샤미 알브렛슨에게 주목했습니다. 샤미는 미국에서 결혼했다가 이혼한 뒤 덴마크인과 재혼해 덴마크로 이주했습니다. 그런데 샤미는 행복지수 1위인 나라에서도 그리 행복하지 않았습니다. 결국 샤미는 덴마크인 남편과도 이혼하고 말았습니다.

그 후 샤미 알브렛슨은 '자신이 왜 덴마크인들처럼 행복하지 못한지', 그리고 '덴마크인들은 왜 행복한지'에 대해 탐구하기 시작했습니다. 그리고 마침내 미국인과 덴마크인의 가장 큰 차이점을 발견했습니다.

'덴마크인들은 미국인들과 달리 아무도 부러워하지 않는다.'

미국인들은 성공하면 더 큰 차, 더 큰 집을 샀습니다. 그것들로 타인들에게 부러움의 대상이 되고 싶기 때문입니다. 반면에 덴마크인들은 그런 욕망에 대체로 무관심했습니다. 샤미는 덴마크로 이주한 후에도 미국에서처럼 거금을 들여 명품 가방을 샀습니다. 하지만 그녀가 들고 다니는 명품 가방을 부러워하는 덴마크인은 거의 없었습니다. 그녀의 욕망은 덴마크 사회에서 결코 채워질 수 없었지요.

샤미 알브렉슨은 자신이 덴마크인 남편과 행복하게 살지 못하고 실패한 이유에 대해 '여전히 돈으로 행복을 찾으려고 했기' 때문이라고 진단을 내렸습니다.

"미국 사회는 '더 많이'를 강조하면서 경쟁하고, 늘 최고가 될 것을 요구한다. 반면에 덴마크 사람들은 여유를 가지고 삶을 즐기려고 한다. 최고가 되기 위해 아등바등하지 않는다."

덴마크의 부모들이 아이가 어렸을 때부터 귀가 아프도록 가르치는 법칙이 있습니다. 보통 사람의 법칙이라고도 불리는 '얀테의 법칙'입니다.

얀테의 법칙

1. 당신이 특별하다고 생각하지 마라.
2. 당신이 다른 사람처럼 좋은 사람이라고 생각하지 마라.
3. 당신이 다른 사람보다 더 똑똑하다고 생각하지 마라.
4. 당신이 다른 사람보다 더 낫다고 확신하지 마라.
5. 당신이 다른 사람보다 더 많이 알고 있다고 생각하지 마라.
6. 당신이 다른 사람보다 더 중요하다고 생각하지 마라.

7. 당신이 모든 것을 다 잘한다고 생각하지 마라.

8. 다른 사람을 비웃지 마라.

9. 다른 사람이 당신을 신경 쓴다고 생각하지 마라.

10. 다른 사람에게 무언가를 가르치려 하지 마라.

덴마크 외레스타드 스콜레의 교사 카를센은 이렇게 말합니다.

"우리는 성적이 좋다고 개별 학생을 특별히 칭찬하지 않는다. 그러면 학생들이 함께 어울리는 데 좋지 않기 때문이다."

덴마크의 교사들은 어느 학생이든지 잘하는 분야가 하나씩은 있다고 믿습니다. 스포츠를 잘하는 학생, 수학을 잘하는 학생, 노래를 잘하는 학생 등……. 그들은 학생들의 장점을 북돋워 주기는 하지만 어느 학생에게도 "네가 최고다."라고 말하지 않습니다. 잘한다고 치켜세워 주면 우쭐하여 자신을 특별한 존재로 인식할 수 있기 때문입니다. 그 대신 덴마크 교사들은 "다른 친구를 좀 도와주렴."이라고 말합니다. 당연히 덴마크 학교에는 성적 우수상이 없습니다. 공부를 잘하는 것 또한 여러 가지 능력 중 하나일 뿐이니까요.

이러한 교육을 받고 자란 덴마크인들은 특별해지기보다는 평범해지고자 합니다. 누구나 동등한 존재라는 의식을 공유하며 사는 사람들은 남의 눈치를 볼 일도 없고 타인을 부러워할 일도 없습니다. 그래서 덴마크 사회에서는 이혼을 했거나 비혼 독거인이라는 사실이 전혀 부끄러운 일이 아닙니다. 개인의 선택을 존중하는 문화가 저변에 깔려 있기 때문입니다.

덴마크 사회는 '특권이 없는' 사회이기도 합니다. 덴마크의 미래학자 롤프 옌센은 이렇게 말합니다.

"내가 서울에 강연을 하러 가면 특급 호텔에 머물고 특별한 대접을 받는다. 그러나 덴마크에서는 그런 특별 대우가 없다. 그것이 자연스럽다."

오연호 기자가 만난 덴마크의 국회 의원들이나 교장 선생님들은 찾아온 방문객들을 자그마한 자신의 방으로 직접 맞이합니다. 청바지 차림의 그들은 손님에게 손수 차를 대접하는 등 어떤 특권도 지니지 않은 모습이었습니다.

행복한 사람은 누구도 부러워하지 않습니다. 자신의 삶에 진정으로 만족하는 사람은 타인을 부러워하지 않으며, 타인들로부터 부러움의 대상이 되는 것도 원치 않습니다.

덴마크인들은 다른 사람에게 절대로 이런 질문을 하지 않는다고 합니다.

"당신의 월급은 얼마입니까?"

덴마크 사람들은 월급이나 직업, 큰 차나 넓은 아파트, 사회적 평판과도 자신을 동일시하지 않습니다. 무엇과도 동일시하지 않는 것이 그들의 행복 비결인 듯합니다.

덴마크인들은 타인의 시선을 의식하지 않고 삽니다. 체면을 중시하지 않는 문화 때문이지요. 덴마크 학생들은 부모로부터 독립할 때도 크고 좋은 집에 연연하지 않습니다. 그보다 훨씬 더 중요한 일이 있기 때문이지요. 바로 좋은 사람들과 친구가 되는 것입니다. 덴마크 고등학생 세룬의 말입니다.

"덴마크에서는 좋은 집, 좋은 차, 멋진 이성 친구가 꼭 있어야 체면이 선다고 생각하는 사람들이 별로 없어요."

특별한 존재가 되려고 하지 않으며 보통 사람이기를 추구하는 평등 사회에서 덴마크의 고등학생들은 자신의 인생을 자유롭게 설계하며 살아갑니다.

『깨어나십시오』의 저자 안소니 드 멜로 신부님은 부러움에 대해 따끔한 일침을 준 바 있습니다.

"'너는 훌륭하다.'라는 말을 듣고 기분이 좋아진다면, '너는 나쁘다.'라는 말을 듣고 기분이 나빠질 준비를 하고 있는 것이다."

얀테의 법칙을 내 아이에게 적용해 보면 어떨까요? 내 아이가 특별하다고 생각하지 않는 것, 내 아이가 다른 사람보다 더 똑똑하다고 생각하지 않는 것, 내 아이가 다른 사람보다 더 중요하다고 생각하지 않는 것, 내 아이가 모든 것을 다 잘한다고 생각하지 않는 것, 내 아이에게 무언가를 가르치려 하지 않는 것! 부모가 이것들만 제대로 실천할 수 있다면 아이는 행복한 보통 사람으로 자랄 것입니다.

동일시가 오류를 일으킨다

저는 중학교에서 체육을 가르치고 있는 교사입니다. 교육 현장의 한 조각을 담당하고 있는 교사로서 차별 없는 동등한 교육을 실현하고자 애쓰고 있습니다. 그런데 몇 해 전, 저의 내면에 뿌리 깊이 박혀 있던 차등적 성향과 선망의 기질을 발견하고 크게 놀란 적이 있습니다.

11월의 추운 금요일이었습니다. 1교시 수업을 하러 운동장으로 나온 저는 수업 준비를 하는 대조적인 두 개 반의 모습을 보고 적잖이 당황했습니다. 후배 체육 교사인 전 선생님이 수업을 하는 3학년 7반 아이들은 똑바로 4열로 서서 수업 준비를 하고 있었습니다. 그런데 제가 가르치는 1학년 5반 아이들은 제가 나오는 걸 보고서야 어슬렁거리며 줄을 서기 시작했습니다.

전 선생님은 주로 체육관에서 수업을 하다가 11월부터 운동장에서 수업을 했습니다. 체육 수업에 대한 열정이 뛰어나고 수업 준비를 철저히 하는 교사였습니다.

제가 가르치는 1학년 5반 아이들도 3월엔 수업 종이 치기 전부터 4열로 줄을 잘 서 있었습니다. 사실 학생들의 수업 태도가 조금씩 느슨해지는 건 어찌 보면 자연스러운 일입니다. 옆에서 수업을 하고 있던 3학년 7반이 워낙 수업 태도가 좋았던 것이지요. 그 반 옆에서 수업을 하던 제 머릿속에서 이런 생각이 자꾸 들었습니다.

'아, 나는 교수 능력이 부족한 교사인가 보다.'

게다가 수치심이 느껴지기도 했습니다.

그날 내내 그 순간 느꼈던 당혹감이 마음속에 남아 있었습니다. 1학년 5반 아이들의 모습은 전과 다르지 않았습니다. 저의 수업도 3학년 7반과 비교하지 않았을 때까지만 해도 부족한 수업이라고 여겨지지 않았습니다. 그러니까 3학년 7반의 수업을 보고 난 뒤 1학년 5반의 수업을 보는 저의 관점이 바뀐 것이었습니다.

나 스스로에게 문제가 있다고 인식하게 될 때, 내면에서 뭔가가 작동한다는 것을 과거의 경험을 통해 알고 있었습니다. 그것은 바로 '동일시'였습니다. 동일시에는 반드시 그 대상이 있게 마련입니다. 전 선생님의 질서 정연한 수업을 봤을 때, 제가 동일시하고 있었던 대상은 체육 수업을 잘하는 교사에 대한 동일시였습니다.

그런데 사실을 말하자면, 저는 체육 수업을 잘하는 교사였던 적이 없었습니다. 단지 그런 동일시를 갖고 있었을 뿐이지요. 동일시에 대한 착각을 깨닫고 나자 이런 인식이 찾아왔습니다.

'아, 그렇지! 난 수업을 잘하는 교사였던 적이 없었어! 난 그냥 평범한 체육 교사였잖아.'

제가 '보통 교사'였다고 깨닫는 순간 저의 고민은 간단하게 해결(?)되었습니다.

몇 해 전, 어느 책에서 이 구절을 읽은 뒤 저는 뒤통수를 맞은 듯한 충격을 받았었습니다.

"동일시가 유일한 오류이자 죄다."

이 말은 "동일시가 일어나지 않으면, 어떤 오류도 일어나지 않는다."는 말이기도 합니다. 제가 자신을 '질서 정연하게 수업 잘하는 교사'와 동일시하지 않았다면, 괜스레 평상시와 똑같았던 1학년 5반 아이들에게 화가 나지 않았을 것입니다.

그 후로 저는 '좋은 교사'와의 동일시를 하지 않겠다고 마음먹었습니다. 저는 그저 '보통 교사'가 되기를 바랄 뿐입니다.

저는 더 이상 좋은 부모도 되지 않으려 합니다. '좋은'이라는 것을 만들어 놓으면, 반드시 '나쁜'에 속한 것들이 따라오기 때문입니다. 좋은 교사나 좋은 부모라는 기준에 나를 동일시해 놓으면, 그

기준에 미치지 못하는 모습을 볼 때마다 스스로 한심하게 여길 것입니다. 또한 좋은 부모가 되려고 애를 쓸수록 자기도 모르게 아이에게도 좋은 아이의 모습을 요구하는 심리가 작동할 것입니다. 저는 이제 보통의 부모가 되기를 소망합니다. 그것이 얼마나 어려운 일인지 잘 알고 있기 때문입니다.

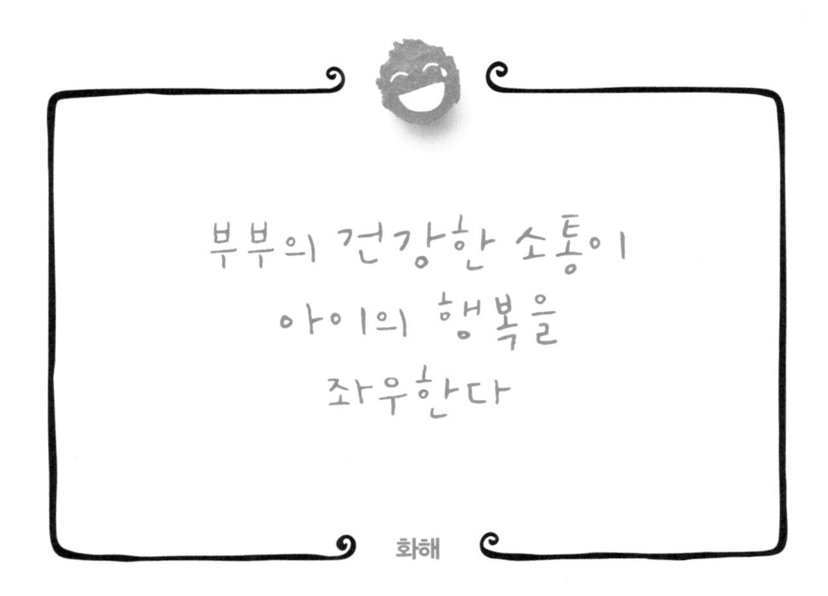

사람의 행복에 가장 큰 영향을 미치는 것으로 저는 단연코 인간관계를 꼽습니다. 그리고 인간관계는 결국 의사소통에 관한 이야기로 귀결됩니다. 의사소통을 잘하는 사람은 어떤 사람일까요? 감정 표현을 건강한 방식으로 잘하는 사람입니다.

태어나는 순간부터 아이는 부모와 의사소통을 하면서 감정 표현하는 방식을 배워 나갑니다. 폭력적으로 소통하는 부모에게는 폭력 소통을, 공감하며 소통하는 부모에게는 공감 소통을 배우게 되지요. 저는 아이의 행복을 좌우하는 결정적 요인으로 '부모가 얼마나 행복한 관계를 맺고 있느냐.'를 꼽습니다. 부부가 서로 감정 표현을 건강하게 잘하는 사이라면, 아이의 행복은 보장된 것이나 다름없습니다. 한부모 가정이나 조손 가정의 경우에도 보호자가 타인과 행복한 관계를 맺는 사람이라면 아이의 삶은 충분히 행복해질 것입니다.

부부, 이보다 더 가깝고도 먼 사이가 있을까요? 때로는 이보다 더 친밀한 존재가 없지만, 때로는 이보다 더 큰 상처를 주는 존재도 없습니다. 이따금씩 저는 부부 관계에 내재되어 있는 소통 방식이 아이들 인생의 행복과 불행을 좌우한다는 사실에 섬뜩해지곤 합니다. 즉, 제가 아내를 대하는 소통 방식에 따라 아이들의 행복이 좌우된다는 것이지요.

단언컨대, 감정 표현을 건강하게 잘하는 부모를 만나는 것보다 아이에게 더 큰 행운은 없습니다. 그런 부모 밑에서 생활하는 아이는 자신의 욕구와 불만을 편안하게 이야기할 수 있는 가정 환경 속에서 성장해 갑니다. 그런 가정은 부부가 먼저 서로에게 좋은 감정은 물론이고, 부정적인 감정도 거리낌 없이 표현할 수 있는 가정입니다.

이제껏 부모로서 아이에 대해 깨어나야 할 것들에 대해 얘기해 왔습니다. 그런데 이보다 먼저 선행되어야 할 것이 배우자에 대해서 깨어나는 일인 듯합니다. 그것은 배우자와의 감정 표현에 깨어나는 일이기도 합니다. 저는 부부가 건강하게 감정을 표현하는 가정에서는 어떤 어려운 문제가 닥쳐와도 너끈히 헤쳐 나갈 수 있을 거라고 믿습니다.

부부의 대화, 네 가지 독에 빠지지 마라

『가트맨의 부부 감정 치유』의 저자 존 가트맨 박사는 세계적인 명성을 얻고 있는 부부 치유 전문가입니다. 그는 부부가 일상적인 대화를 나누는 영상 자료를 20여 초만 보고도 그 부부의 이혼 여부를 90퍼센트 이상 예측했다고 합니다.

부부의 대화 중에 네 가지 독, 즉 비난, 경멸, 방어, 회피가 나타나면 이혼할 가능성이 매우 높아집니다. 그 가운데 가장 무서운 독은 경멸입니다. 부부 중 한 명이 상대를 경멸하는 표현을 사용한 경우 90퍼센트 이상의 커플이 이혼에 이르렀습니다. 두 해 전 어느 가을날, 우리 부부에게도 그런 사건이 터졌습니다.

가을의 향기가 묻어나는 9월의 저녁이었습니다. 아내와 저는 모처럼 집 근처 카페로 마실을 나갔습니다. 얼마 전 들렀다가 요거

트 스무디 맛에 반해서 단골이 된 카페였습니다. 카페에 들어서니 키 작은 남자 주인이 친절한 표정으로 반겼습니다.

"오늘은 혼자가 아니시네요?"

"네, 제 아내입니다."

그 카페에 아내와 함께 간 것은 처음이었습니다. 기분 좋게 아내를 소개한 뒤 주문을 마치고 카운터 옆 좌석에 자리를 잡았습니다.

아내와 함께 카페에서 대화를 나누는 일은 꽤 큰 즐거움이었습니다. 우리는 간혹 크게 웃음을 터뜨리기도 하며 흥겹게 대화를 이어 갔습니다. 그러다 제가 『거짓의 사람들』에 대한 이야기를 하면서 무심코 가방에서 책을 꺼내 들었습니다. 책장이 여기저기 접혀 있는 걸 본 아내가 갑자기 언성을 높이며 화를 냈습니다.

"또 책 접었어? 내가 그거 세상에서 가장 싫어하는 행동이라고 몇 번이나 말했어?"

도덕심이 강한 아내는 제가 공공 도서관의 책을 접는 걸 극도로 싫어했습니다.

"당신 이러는 거 너무 싫어. 진짜 싫다고!"

예상치 못했던 혐오 섞인 공격에 저는 크게 당황했습니다. 카운터 쪽을 살피며 어색한 목소리로 제가 얼버무렸습니다.

"아, 이런…… 또 들켰네……."

그 말에 아내는 더 크게 화를 냈습니다.

"내가 가출하면 당신이 책 접은 것 때문에 하는 건 줄 알아. 알았어?"

가출 운운하는 말을 듣는 순간, 저도 아내에게 정이 떨어져 버렸습니다. 저는 신경질적으로 책을 도로 가방에 집어넣었습니다. 두꺼운 책을 억지로 가방에 구겨 넣는 사이에 아내는 혼자 집으로 돌아가 버렸습니다.

애써 모른 척해 주던 카페 주인을 의식하며 저는 노트북의 전원을 켰습니다. 그리고 인터넷 기사들을 읽어 내려가며 무의미한 시간을 보냈습니다.

잠시 뒤, 아내로부터 제가 공공 도서관 책을 손상시키고 있다는 사실 때문에 화가 치밀어서 죽고 싶다는 문자가 왔습니다. 그 문자는 제 분노에 걷잡을 수 없는 불길을 일으켰습니다. 아내에게 도덕적 강박증이 있다는 건 알았지만 그것이 임계점을 넘어 버린 저의 분노를 낮춰 줄 순 없었습니다. 결혼 생활 20여 년 만에 한 번도 경험한 적 없는 분노에 사로잡혀 버린 상태였습니다. 제가 가장 이해할 수 없었던 건 그토록 화기애애하게 대화를 하다가 어떻게 그렇게 불같이 화를 낼 수 있느냐는 것이었습니다. 그것도 카페 주인이 다 듣고 있는 상황에서 말이지요.

밤늦게 들어간 저는 건넌방 침대에 누웠습니다. 아내에게 상처받은 제 감정을 표현하고 싶은 욕구조차 일어나지 않았습니다. 감정 표현을 하고 싶기는커녕 얼굴도 보고 싶지 않았습니다. 아내에 대한 분노를 삭이며 잠을 청했지만 잠이 찾아올 리 만무했습니다. 밤이 깊어 갈수록 아내를 향한 분노의 강도가 점점 커져 갈 뿐이었지요.

아내와의 냉전은 다음 날에도 이어졌습니다. 시간이 지날수록 아내에 대한 분노 지수가 점점 높아졌습니다. 그날도 저녁을 사 먹고 카페에 갔다가 밤 12시쯤 집으로 돌아왔습니다.

그렇게 냉전 사흘째 날을 맞았습니다. 이대로 계속 지낼 수는 없다는 생각이 들었습니다. 그날의 사건에 대해 감정 표현을 하든지, 헤어지든지 둘 중 하나를 선택해야만 했습니다.

딸이 고 3이었을 때도 아내와 심하게 부부 싸움을 했던 적이 있었습니다. 그때는 아이가 중재를 해 줘서 화해의 물꼬를 틀 수 있었습니다. 그때도 냉전이 사흘째 접어든 날이었습니다. 여느 날처럼 밤 10시쯤 딸을 데리러 학원 앞으로 갔습니다. 차에 탄 딸이 생긋 웃으며 말했습니다.

"엄마랑 화해 좀 해. 집에 계속 긴장감이 흐르니까 내가 힘들어 죽겠어."

지나가는 말투로 툭 던진 말이었습니다. 며칠째 집 안에 흐르는 냉기로 꽤 힘들었던 모양이었습니다. 제가 조금 억울해하며 말했습니다.

"어제도 아빠가 먼저 말을 걸었거든. 근데 엄마가 대답을 안 하더라. 그래서 계속 침묵 상태인 거지."

변명을 늘어놓았지만, 고 3 딸의 미소로 용기를 살짝 얻었습니다. 차를 주차시킨 뒤에 아이의 손을 잡고 집으로 향했습니다. 현관문을 열고 들어서며 아내에게 큰 소리로 말했습니다.

"잘 지냈나? 딸이 화해하래. 너무 힘들대."

아내의 얼굴에서 슬쩍 긴장이 풀리는 게 보였습니다. 그러나 아내의 입은 여전히 열리지 않았습니다. 그 순간 『교감하는 부모가 아이의 십 대를 살린다』에서 읽었던 대화의 팁이 떠올랐습니다.

"그래! 싸움의 60퍼센트는 내 잘못이었으니까, 내가 사과할게. 그만 화 풀어."

제 사과를 듣고서야 아내의 입이 열렸습니다.

"난 그때 잘못한 게 없어. 당신이 별것 아닌 일에 버럭 화를 냈잖아."

"나도 당신이 그전에 화냈던 말 때문에 기분이 나빠서 그랬어."

그렇게 대화는 이어졌고, 냉전은 종말을 고했습니다. 우리 집 부부 싸움 중재 전문가 덕분이었지요. 지나가듯 툭 던졌던 딸의 화해하라는 한 마디가 제 마음을 녹였지요.

그런데 이번에는 그 딸이 호주에 가고 없었습니다. 아내를 향한 분노도 그때와는 차원이 달랐습니다. 부부 관계를 끝장내고 싶을 만큼 분노를 느꼈던 건 결혼 이후 처음이었습니다.

하루가 더 지나고 넷째 날이 되었습니다. 그날 저녁 독서 토론 모임에서 한 어머니에게 이런 말을 들었습니다.

"저는 늘 '딸은 엄마 팔자 닮는다.'는 말 때문에 힘들었어요. 제 딸이 나중에 커서 저처럼 고생하면서 살면 어쩌나 하는 걱정이 늘 따라다녔어요. 그러다 어느 날 마음을 바꿔 먹고 남편한테 이렇게 말했어요. '여보, 나한테 잘해. 당신이 나한테 잘해 줘야 우리 딸이 행복해져.' 그랬더니 남편이 진짜 저한테 잘하더라고요."

저도 호주에 있는 딸을 위해서라도 아내와 대화를 해야 했습니다. 하지만 아내에게 제 굴욕적인 감정을 표현하는 일이 죽기보다 싫었습니다.

나쁜 감정도 말할 수 있어야 건강한 관계다

닷새째가 되던 금요일 저녁, 저는 요가 중인 아내에게 할 말이 있으니 끝나면 카페로 오라고 문자를 보냈습니다. 그곳은 야외 테라스가 있는 카페였습니다.

닷새 만에 아내와 마주 앉으니 무슨 말부터 꺼내야 할지 머릿속이 엉켰습니다. 커피를 주문한 뒤 아내에게 어색하게 물었습니다.

"요가는 할 만했어?"

"응, 뭐……."

아내의 짧은 대답 뒤에 다시 침묵이 이어졌습니다. 무슨 말부터 시작해야 좋을지 도통 입이 떨어지지 않았습니다. 진동벨 소리를 들은 아내가 주문한 과일 주스를 가지러 카페 안으로 들어갔습니다.

아내가 돌아와 자리에 앉았을 때, 마침내 용기를 내어 입을 열었습니다.

"당신, 그날 대체 왜 그랬던 거야? 내가 그렇게 우습게 보였어? 왜 나한테 그렇게 함부로 했어?"

아내가 기죽은 티를 내지 않으려는 듯 굳은 목소리로 대답했습니다.

"당신도 내가 바라는 거 안 들어 주잖아."

"도서관 책 접는 것 때문에 화가 났으면 집에 와서 냈어야지. 당신이랑 카페 들어갔을 때 주인한테 내가 아내라고 소개도 했는데."

"그랬나?"

아내는 기억이 안 난다는 표정이었습니다.

“나를 아는 사람이 옆에서 듣고 있는데, 어떻게 그렇게 소리소리 지르면서 화를 내냐고!”

“내가 뭘 그렇게 소리 질렀는데? 책이 접혀 있는 걸 본 순간 나도 모르게 화가 치밀어 올랐어. 그래서 당신한테 그거 하나 못 들어주냐고 말했던 거잖아.”

“그래서 그 일에 대해서 사과할 마음이 없다는 거지, 지금?”

“접힌 책을 보는 순간 나도 모르게 화가 났어. 그럴 땐 내 감정이 나도 통제가 안 돼. 그리고 내가 뭘 그렇게 심하게 말했다고? 책 접지 말라는 건 전부터 계속 말했던 거잖아.”

“바로 그게 문제야. 당신이 나를 무시하는 말버릇이 습관화돼 있다는 거. 그러는 거 보고 한이는 싸우지 말라고 하는 거고, 인이는 아빠한테 왜 그렇게 함부로 말하냐고 그러는 거야.”

이번엔 아내가 침묵했습니다. 자조적인 목소리로 제가 말했습니다.

“당신하고 나는 혐오하는 사이인 거 같아. 나를 혐오하는 게 아니면 어떻게 그렇게 대할 수 있어? 즐거웠던 순간에 어떻게 그렇게 화를 낼 수 있냐고? 우린 같이 살 수 있는 사람들이 아니야.”

그때 아내가 혼잣말하듯 말했습니다. 그것도 제가 전혀 예상치 못했던 말이었지요.

"그 반대인데……. 난 당신 없으면 못 사는데……."

"그 얘기가 지금 설득력이 있다고 생각해? 난 평생 한 번도 느껴 보지 못했던 분노를 어제까지 느끼고 있었어. 살아오면서 이런 모멸감을 느껴 본 적이 없었다고. 내가 이런 대접을 받으면서 뭐 하러 당신이랑 같이 살아? 그날 당장 어머니 집으로 가고 싶었어. 그날 집에 갔을 때 왜 나를 우습게 보냐고 물어보려고 했어. 그러면 장인어른 주무시는데 소리를 지르게 될 거 같아서 참았고. 화요일엔 정말 내가 쌓아 온 것들이 다 무너지는구나 싶었어. 이렇게 별거하게 되는구나. 내가 쓴 책들도 다 거짓이 되는구나. 학교에서 이혼한 교사라고 알려지겠구나. 그런 거 알려지면 뭐 어때? 그래, 나 이혼한 교사야, 그러면 되지. 근데 아이들이 걸렸어. 애들이 독립할 때까지는 부모로서 남들처럼 살아야 하는데……."

굳게 입을 다문 채 아내는 듣고만 있었습니다.

"어제까진 당신한테 사과도 받고 싶지 않았어."

그 말을 듣고서야 아내의 입에서 사과의 말이 나왔습니다.

"미안해. 난 당신 없으면 못 살아. 당신이 자전거 타고 오다가 사고라도 나면 어쩌나, 항상 노심초사하고 불안해."

아내의 말에서 진심이 느껴졌습니다. 그 순간부터 마음속 분노가 조금씩 가라앉았습니다. 아내도 오랜만에 속내를 털어놓았습니다. 제가 글 쓴답시고 카페를 전전하면서 자신을 외롭게 했다며 서운함을 절절히 토로했습니다.

실로 오랜만에 아내와 속 깊은 대화를 나눈 저녁이었습니다. 돌아가신 장모님이 우울증 약을 오래 드셨다는 얘기도 아내로부터 처음 들었습니다. 우울한 유전자를 아내도 물려받았을 거라는 생각이 들었습니다. 제가 빈 컵을 정리하며 아내에게 말했습니다.

"일어나자. 이제부터는 나한테 인간에 대한 예의를 지켜 달라는 거야."

아내가 비로소 긴장이 풀어진 얼굴로 속마음을 털어놓았습니다.

"오늘 오면서 당신한테 이혼당하면 난 어떻게 사나 하면서 왔어."

빈 컵을 들고 일어서며 제가 말했습니다.

"어떻게 살긴? 잘 살았겠지."

아내가 배시시 웃으며 저를 따라 일어섰습니다. 저도 따라 웃으며 아내와 함께 카페를 나섰습니다.

내가 옳다는 생각을 내려놓자

한바탕 전쟁을 치르듯 아내와 격한 감정을 표현한 대화 시간은 분명 효과가 있었습니다. 저는 그 후 한 번도 책을 접지 않았습니다. 책을 읽다가 표시할 내용이 있으면 포스트잇을 붙이거나, 아예 휴대폰에 메모를 했습니다. 아내도 확실히 변한 모습을 보여 주었습니다. 이전처럼 거칠게 표현하려다가도 이내 말투를 부드럽게 순화시키곤 했습니다. 그 당시 분노했을 때는 감정 표현하는 일이 퍽 내키지 않았습니다. 그런데 표현하고 났더니 전보다 훨씬 더 원만하고 건강한 관계가 되었습니다.

존 가트맨 박사는 대화에서 네 가지 독인 비난, 경멸, 방어, 회피의 변형에 주의하라고 말합니다. 사례 연구팀 중 한 명이었던 조디의 남편처럼 교묘한 방법으로 경멸을 표현하는 경우가 있습니다. 그는 부부의 의견이 다를 때마다 믿을 수 없다는 표정으로 아내를 빤히 쳐다보며 이렇게 말했습니다.

"합리적이고 똑똑한 사람이라면 당신 생각이 말도 안 된다고 할 거야."

가트맨 박사에 따르면, 그 말은 결국 상대방에게 미친 바보라고 말하는 것입니다. 한쪽에서 상대방에게 열등하다는 암시를 주면 다른 쪽도 상대방을 무례하게 대할 수밖에 없습니다. 그렇게 악순환에 빠진 관계는 머지않아 파멸로 귀결될 가능성이 높습니다.

'감정 일축형'은 교묘하게 방어와 회피의 언어를 사용하는 경우입니다. 가령, 낙담한 아내에게 좋은 의도일지언정 이렇게 말하는 남편입니다.

"자기야, 슬퍼하지 마. 울지 마, 힘내. 밝은 면을 봐야지."

본인은 용기를 준다고 생각할지 모르지만, 실제로 상대방에게 전해지는 메시지는 이렇습니다.

"당신이 그런 감정 상태에 있을 때는 말하고 싶지 않아. 다른 데 가서 기분 풀어."

가트맨은 부부 싸움을 할 때 감정적 흥분 상태가 되면 배우자에게 자신이 원하는 것보다 원하지 않는 것을 말하게 되기 쉽다고 말합니다. "무엇이 당신을 슬프게 만들었는지 나에게 말해 주면 좋겠어."라고 '원하는 것'을 말하는 대신, "뚱한 표정 그만해!"라고 '원치 않는 것'을 말하게 된다는 것이지요. 또는 "나는 당신의 관심이 필요해."라고 말하는 대신 "나를 그만 무시해!"라고 말한다는 것입니다. 그런 부정적인 표현은 비난의 화살이 되어 배우자의 가슴에 꽂힙니다.

가트맨 박사는 많은 부부가 믿고 있는 건설적인 비판이란 것은 없다고 단언합니다. 그런 비판은 상대방의 '방어'나 '회피'를 촉발시켜 논쟁의 해결을 가로막는 방해물이 될 뿐입니다. 건설적인 비판을 하는 부부의 내면에는 '내가 옳다.'는 심리가 깔려 있는 경우가 많습니다. 그런 부부는 치열하고 집요하게 자신만이 옳다고 주장합니다. 존 가트맨 박사는 그런 부부에게 이렇게 묻습니다.

"옳고 싶으세요, 행복하고 싶으세요?"

부부가 건강한 소통으로 행복하게 살기를 원한다면 '내가 옳다.'는 생각을 내려놓아야 합니다. 함께 행복하기 위해서는 자기만 옳다는 마음을 놓아 버려야 합니다.

가족 단톡방에 감사일기 올리기

특히 아이들과 함께 있는 상황에서 부부가 네 가지 독을 남발하게 되면 누구보다 아이에게 치명적인 해를 입힙니다.

교직원 회의를 마치고 생활부로 돌아와 보니 어머니 한 분이 저를 기다리고 있었습니다.

"안녕하세요, 선생님! 저 현경이 엄마예요."

"네, 현경이 어머니시군요."

어색한 인사를 나눈 뒤에 어머니가 주저하며 말했습니다.

"선생님, 제가 이런 일로 학교에 오게 될 줄은 몰랐어요."

현경이는 1학년 때까지만 해도 얌전하고 반듯한 아이였습니다. 2학년 1학기 때도 크게 다르지 않았는데 2학기부터 또래들과 노는 일에 빠지기 시작했습니다. 그런데 그 또래들이 범상치 않은 아이들이었습니다. 그들은 주차장 같은 곳에 모여 담배를 피우거나 비어 있는 친구 집에 가서 술을 마시곤 했습니다. 그중엔 후배들에게 돈을 빌렸다가 갚지 않는 아이도 있었습니다. 거기까지는 현경이에게 별 영향을 미치지 않았습니다. 운이 좋았다고 할 수 있지요. 하지만 남학생들이 후배를 불러 때린 사건이 있었는데 그 옆에 있다가 함께 학폭위에 신고를 당했습니다.

"선생님, 우리 현경이가 왜 이렇게 변했는지 모르겠어요."

걱정이 가득한 어머니를 보며 말했습니다.

"제가 생활 부장으로서 경험한 바에 따르면, 아이들을 가장 고통스럽게 만드는 건 부모님의 폭력 소통이에요. 학교 폭력과 연관되는 아이들은 대부분 부모님과 사이가 좋지 않더라고요."

어머니가 고개를 끄덕이며 말했습니다.

"얼마 전까지 학원에 다니는 문제로 갈등이 심했어요. 그때 아이가 원하는 대로 학원을 줄여 줬는데도 이런 일이 생겼네요."

“어머니, 학원 문제보다 현경이를 더 고통스럽게 하는 문제는 없었나요?”

현경이 어머니는 어리둥절한 표정으로 저를 빤히 바라보기만 했습니다.

“아이를 정말로 힘들게 하는 건 부모님의 불화예요. 혹시 현경이 앞에서 자주 부부 싸움을 하시나요?”

“아! 저희 부부가 자주 싸우는 편이기는 해요. 요즘 들어 남편과 관계가 더 나빠졌고요.”

풀이 죽어 있는 현경이 어머니에게 조심스럽게 말했습니다.

“현경이에게 이런 일이 생긴 건 안타까운 일이지만, 전 이것이 가족에게 전하는 메시지가 있다고 생각해요. 아이와의 관계를 하루 빨리 회복하라는 메시지인 거죠. 물론 그러기 위해선 남편 분과의 관계부터 변화가 있어야 하고요.”

무엇을 어떻게 해야 할지 모르겠다는 어머니에게 저는 ‘가족 단톡방 감사일기 올리기’를 추천해 드렸습니다.

‘감사일기 3개 쓰기’는 제가 반 년 전부터 가족들과 함께 힘써 온 일이었습니다. 감사일기 3개를 채우기 위해서 저는 평소에 당연히 여겼던 가족들의 행동에 저절로 감사하게 되었습니다. 특히 아내의 요리나 보살핌에 감사하는 일이 잦았습니다. 그러다 보니 아내도 저의 별것 아닌 행동에 감사를 표현하는 일기를 올려 주었습니다. 그렇게 서로 감사하다 보니 사소한 다툼이 줄어들었고, 더 원만하고 친밀한 관계로 변해 갔습니다.

확신에 찬 목소리로 제가 말했습니다.

"현경이 어머니가 먼저 실천해 보세요. 꾸준히 감사일기를 올리시면 남편과 아이도 조금씩 따라 하게 될 거예요. 그러면 가족 관계가 틀림없이 좋아질 거예요."

현경이 어머니는 꼭 실천해 보겠다는 말을 남기고 집으로 돌아갔습니다. 하지만 어머니의 표정은 자신이 없어 보였습니다. 제가 할 수 있는 일은 마음속으로 현경이 어머니가 꼭 시도해 주기를 비는 것밖에 없었습니다.

사실 매일 3개씩 감사일기 쓰는 일이 그리 쉬운 일은 아닙니다. 감사하기를 오래 실천하는 비결은 3개에 연연하지 않는 것입니다. 3개를 찾기 어려울 때는 2개를 써도 되고, 그조차 여의치 않으면 1개를 써도 괜찮습니다. 감사일기 쓰기를 깜박했다면 다음 날 다시 시작하면 됩니다. 누구든지 '가족 단톡방 감사일기 쓰기'를 꾸준히 한다면, 가족 관계가 이전보다 틀림없이 나아질 거라고 감히 장담할 수 있습니다.

아이의 행복을 위한 길을 찾다

『우리도 사랑할 수 있을까』는 오연호 기자가 우리 사회에 '덴마크적 행복'을 실현하기 위해 분투한 내용이 실려 있습니다. 『우리도 행복할 수 있을까』의 후속작인 셈입니다. 책에 푸드 트럭을 하는 아들의 어머니가 나옵니다. 그녀의 아들은 고등학생 때까지 1등급을 유지한 수재였습니다. 하지만 그는 수능에서 좋은 성적이 나오지 않아 원하던 대학에 입학하지 못했고, 졸업 후에는 친구들과 함께 푸드 트럭을 했습니다. 좋아하는 일을 하니 새벽부터 나가서 열심히 일하면서도 아들의 표정이 늘 밝다고 합니다.

그 말을 전해 들은 다른 엄마들이 "멋지다." "대단하다."는 감탄을 늘어놓았습니다. 하지만 그 어머니의 대답은 이런 것이었습니다.

"저도 이게 남의 집 아이 이야기라면 멋지다고 생각할 수도 있겠죠. 그런데 내 집 아이가 되니까 그렇게 멋지게 안 보이더라고요."

그렇습니다. 푸드 트럭이라는 선택은 부조리한 세상에서 너무도 안심이 되지 않는 길입니다.

오연호는 "덴마크적 행복의 핵심 모토는 '우리가 행복해야 나의 행복도 가능하다.'이다."라고 말합니다. 우리는 과연 그 말에 '삶으로도' 동의하고 있는 걸까요?

『우리도 사랑할 수 있을까』에는 그 어려운 걸 해내는 어머니가 나옵니다. 저자의 '우리도 행복할 수 있을까?' 강연을 들은 후, 그 어머니는 두 가지를 결단했다고 합니다.

첫째, 가치의 기준을 아이의 행복에 둔다.

둘째, 아이가 자신의 행복을 스스로 찾도록 돕는다.

어머니에게 그런 결심을 전해 들은 아이의 반응은 어땠을까요? 크게 당황하는 반응이었다고 합니다. 어머니 역시 두렵기는 마찬가지였지만, 일단 학원을 쉬는 것부터 실천에 옮겼습니다. 이전에는 저녁 먹을 시간도 없이 대충 때우고 학원에 가기 바빴지만, 그 후론 하루 동안 지낸 이야기와 세상 이야기를 하며 여유 있게 저녁을 먹게 되었다고 합니다.

식사 후에는 단어를 외우는 대신 책 읽는 시간을 가졌습니다.

여유 있게 식사 준비도 함께하고 식사 후에 만화책도 볼 수 있는 자유까지 허락받은 아이는 엄청 어색하고 불안한 저녁을 보내고 있다고 합니다. 어머니도 불안하기는 매한가지지만, 그럼에도 불구하고 스스로에게 '잘하고 있다.'라고 최면을 걸면서 아이의 진정한 행복을 위한 길을 꿋꿋이 걸어가고 있습니다.

『단순한 기쁨』을 쓴 피에르 신부님은 인간의 마음에 대해서 이렇게 설명합니다.

"그림자와 빛으로 짜여져, 영웅적인 행동과 지독히도 비겁한 행동을 둘 다 할 수 있는 게 인간의 마음이다. 광대한 지평을 갈망하지만 끊임없이 온갖 장애물에, 대개의 경우 내면적인 장애물에 부딪히는 게 바로 인간의 마음인 것이다."

피에르 신부님은 성경 잠언의 "하느님에 대한 두려움이 지혜의 시작이다."는 말씀을 오인하지 말라며 이렇게 말합니다. "참된 경외는 하느님을 두려워하는 것이 아니다. 그것은 하느님을 매질하는 아버지로 왜곡하는 것이다."

신부님은 참된 두려움은 자기 자신을 두려워하는 것이라며 이렇게 강조합니다.

"자기 자신에 대한 두려움은 사랑하는 사람에게 고통을 줄까 봐, 화나게 할까 봐, 상처를 줄까 봐, 잃을까 봐 두려워하는 사랑이다."

아이와 함께 저녁이 있는 삶을 실천하고 있는 어머니도 가장 두려운 것은 자기 자신일 것입니다. 아이에게 상처를 줄까 봐, 아이를 화나게 할까 봐, 아이를 잃을까 봐, 사랑하지 못할까 봐 자기 자신을 두려워하는 마음, 그것이야말로 진정한 부모의 사랑인 것입니다.

아이를 아프게 하는 건 아이 자신이 아니라 부모일 수 있다는 점, 어쩌면 늘 부모였을지 모른다는 점에서 저는 늘 제 자신이 두렵습니다. 그 두려움이 이런 시를 쓰게 했습니다. 저는 이 시처럼 아이 곁에 머물고 싶습니다.

내 아이에게

나는 이제 네 곁에서
가만히 머물러 있고 싶다
고요히 흐르는 강처럼
저 너머에서 흘러오는 것들을
그저 흘러가게 내버려 두면서
나는 이제 네 곁에서
가만히 흐르는 강물이 되고 싶다
네가 때로 사무쳐 강 너머로 소리칠 때에도

담담히 듣기만 하는 강이 되고 싶다

그러다 돌멩이를 집어 든 네가 나를 향해 던지면

날렵한 물수제비로 띄워 보내고 싶다

어느 날 네가 외로움에 지쳐 강가에서 눈물을 쏟을 때

묵묵히 지켜 온 나의 물소리로 화답해 주고 싶다

네 맑은 눈물이 강물 위로 떨어질 때

그제야 너는 듣게 될 것이다

오래 전부터 강이 네게 들려주었던

단순한 기쁨의 노래를

나는 이제 네 곁에서

고요히 흐르는 강물이 되고 싶다

흐르면서 머무는 강이 되고 싶다

십 대와 싸우지 않고 소통하는 기술
감정의 법칙

1판 1쇄 발행일 2020년 5월 25일

글쓴이 손병일 | 펴낸곳 (주)도서출판 북멘토 | 펴낸이 김태완

편집장 이미숙 | 편집 박소연, 김정숙, 송예슬 | 디자인 책은우주다, 안상준 | 마케팅 최창호, 민지원

출판등록 제6-800호(2006. 6. 13.)

주소 03990 서울시 마포구 월드컵북로 6길 69(연남동 567-11), IK빌딩 3층

전화 02-332-4885 | 팩스 02-332-4875 | 이메일 bookmentorbooks@hanmail.net

페이스북 https://facebook.com/bookmentorbooks

※ 책값은 뒤표지에 있습니다.

ISBN 978-89-6319-353-3 13590

이 도서의 국립중앙도서관 출판예정도서목록(CIP)은 서지정보유통지원시스템 홈페이지(http://seoji.nl.go.kr)와
국가자료종합목록 구축시스템(http://kolis-net.nl.go.kr)에서 이용하실 수 있습니다.(CIP제어번호: CIP2020018666)